Anti-Stress-Programm für Hunde

Sarah Fisher

Anti-Stress-Programm für Hunde

Entspannter Hund durch TTouch und Bodenarbeit

Übersetzt aus dem Englischen von Claudia Ade

296 Farbfotos

Ulmer

Für Robyn Hood, den einzigartigen und inspirierenden Lehrmeister und Freund, dessen Humor, Unterstützung und Rat ich überaus schätze.

Sarah Fisher ist Englands höchstqualifizierte Pferde- bzw. Haustiertrainerin. Sie trainierte zusammen mit Linda Tellington Jones und Robyn Hood und leitet nun die englische Zweigstelle von TTEAM & TTOUCH International. Sarah Fisher ist regelmäßig im englischen Fernsehen zu sehen, schreibt für nationale Fachzeitschriften und bietet ein- bzw. zweitägige Workshops an.

Bibliografische Information der Deutschen Nationalbibliothek
Die Deutsche Nationalbibliothek verzeichnet diese Publikation in der Deutschen Nationalbibliografie; detaillierte bibliografische Daten sind im Internet über http://dnb.d-nb.de abrufbar.

Wollgrasweg 41, 70599 Stuttgart (Hohenheim)
E-Mail: info@ulmer.de
Internet: www.ulmer.de
Lektorat: Antje Springorum
Umschlagentwurf: red.sign, Anette Vogt, Stuttgart
Satz: BUCHFLINK Rüdiger Wagner, Nördlingen
Druck und Bindung: SNP-Leefung
Printed in the People's Republic of China

ISBN 978-3-8001-5742-6

First published 2007 under the title „Unlock your dogs potential“ by David & Charles, Brunel House, Newton Abbot, TQ12 4 PU.

Inhalt

Geleitwort

Ich wünschte, jeder Hundehalter könnte die Bekanntschaft von Sarah Fisher machen. Da dies leider nicht möglich ist, hat sie das einzig Richtige getan, nämlich aus ihrer Sichtweise ein Buch über Hunde zu schreiben. Jahrelang habe ich versucht, sie dazu zu bringen, bis sie endlich ihre Ideen zu Papier brachte.

Verhalten, Körperspannung und Schmerzmuster bei einem Hund zu beurteilen, ist sehr schwierig. Etwas Kreatives mit ihm anzustellen kann sehr entmutigend sein. In fast unmerklichen Schritten überbrückt Sarah mit ihrer Arbeit die Distanz zwischen passivem Hundebesitzer und einem aufmerksamen, verständnisvollen und aktiven Hundehalter. Wenn Sie das vorliegende Buch lesen, können Sie sich gemeinsam mit Ihrem Hund auf diese Reise begeben.

Ich bin überzeugt, dass die Menschen in hundert Jahren diese Art von Buch so ansehen werden wie wir jetzt die Werke der frühen Sozialreformer. Sie zeigten Mitgefühl, wo es zuvor keins gegeben hatte. Sie strebten danach, die Unterdrückten zu verstehen. Sie erhoben ihre Stimme für die Entrechteten und brachten immer mehr wohlhabende Menschen dazu, sie zu ehren und als ihre Mitmenschen zu respektieren. Genau das tut Sarah für unsere Gefährten auf vier Pfoten.

Sarah bahnt den Weg für ein neues Bewusstsein für die Intelligenz des Hundes – sowohl mental als auch körperlich. Indem sie uns Hundehaltern die Augen öffnet, entfacht sie aufs Neue den Dialog, den die Vorfahren unserer Hunde vor Tausenden Jahren begannen, als sie die ersten vorsichtigen Schritte aus den Wäldern an die prähistorischen Lagerfeuer der Menschen wagten. In ihrem Buch sagt sie: „Wessen Bewusstsein durch neue Erfahrungen erweitert wurde, der kann nicht wieder in alte Denkmuster verfallen."

Dieses Buch kann Leben retten – sowohl von Menschen als auch Hunden. Es ist das unglaubliche Ergebnis von Sarahs Fähigkeit, Hunde wahrzunehmen und zu begreifen. Wenn Sie sich auch nur ein Fünkchen von dem, was sie sagt, zu Herzen nehmen, dann wird Ihr Leben und das Ihres Hundes auf großartige Weise bereichert werden.

Nick Thompson BSc (Hons), BVMBS, VetMFHom, MRCVS

Rundum fit

Das Zusammenleben mit einem Hund sollte eine bereichernde und lohnenswerte Erfahrung sein. Bei der Mehrzahl der Hundetrainer und -halter basiert das harmonische Verhältnis zwischen ihnen und ihrem Hund auf Kooperation, Wertschätzung, Vertrauen und Loyalität. Besteht bei Ihnen bereits eine solche enge Beziehung, dann können Sie die „Partnerschaft" mit Ihrem Hund durch die Lektüre dieses Buches noch vertiefen und ein besseres Verständnis bzw. Bewusstsein für Ihren Hund entwickeln. Die hier gegebenen Informationen verhelfen ihm zu einem längeren, glücklicheren und gesünderen Leben. Sein Wohlbefinden wird gesteigert; unerwünschtes Verhalten, wie z.B. an der Leine ziehen, sich im Kreis drehen, Hyperaktivität, exzessives Bellen, Kauen usw., wird verringert. Gleichzeitig wird die Beziehung zu Ihnen noch verstärkt.

Das Buch stellt Ihnen sanfte und effektive Methoden vor, die Ihrem Hund helfen können, bestimmte auffällige Verhaltensmuster abzulegen: Angst vor dem Tierarzt, Ängstlichkeit generell, Geräuschempfindlichkeit, Lärmphobien (einschließlich Angst vor Gewitter und Feuerwerk), Trennungsängste, Probleme bei Fellpflege bzw. beim Krallenschneiden. In Verbindung mit einer tierärztlichen oder physiotherapeutischen Behandlung können die beschriebenen Techniken gesundheitliche Beschwerden erleichtern, wie z.B. Arthrose, Hüftgelenksdysplasie oder Spondylose, bzw. dabei helfen, sich von Verletzungen, Erkrankungen oder Operationen schneller zu erholen. Außerdem lassen sich altersbedingte Beschwerden verringern. Im vorliegenden Buch wird erklärt, wie Sie körperliche und emotionale Veränderungen bei Ihrem Hund schneller erkennen und die notwendigen Schritte unternehmen können, damit daraus kein gesundheitliches Problem entsteht.

Alles wird anders ...

Durch die Anwendung dieser bewährten Methoden kann unerwünschtes Verhalten abgebaut und eine einzigartige Beziehung zwischen Mensch und Hund aufgebaut werden. Sie können dem Hund außerdem beibringen, auf unterschiedliche Situationen bewusst zu antworten anstatt einfach nur zu reagieren.

Wenn Sie mit vielen verschiedenen Hunden zu tun haben – in einem Tierheim beispielsweise – dann können Sie durch genaues Beobachten das Temperament eines Hundes bzw. seine Eignung für einen bestimmten Lebensstil einschätzen. Durch einige einfache TTouches und Bodenarbeitsübungen können Sie dazu beitragen, dass der Hund zu sich selbst findet und leichter trainiert werden kann. Sie können dem Hund helfen, sein volles Potenzial zu erkennen – egal, zu welchem Zweck – und seine Chancen erhöhen, an ein neues Herrchen vermittelt zu werden.

Das Hunde- und Katzenheim von Battersea

Die Mitarbeiter und tierischen Bewohner des Hunde- und Katzenheims von Battersea tauchen regelmäßig in diesem Buch auf. Battersea gehört zu den bekanntesten Tierheimen Englands. Es wurde von Mary Tealby im Jahr 1860 als Zuflucht für streunende und ausgesetzte Hunde gegründet. Im Jahr 1883 öffnete es seine Tore dann auch für Katzen in Not. In den mittlerweile drei Zweigstellen in Battersea (im Süden Londons), Brands Hatch und Old Windsor kümmert man sich auch heute noch um streunende und unerwünschte Tiere. Seit seiner Eröffnung hat das Battersea-Tierheim über drei Millionen Katzen und Hunde aufgenommen.

Die Ziele von Battersea heißen „Retten", „Wiedervereinen", „Rehabilitieren" und „Vermitteln". Viele in Battersea abgegebene Hunde sind weggelaufen und können meist an ihre Besitzer zurückgegeben werden. Andere wurden ausgesetzt oder abgegeben, weil sich die Besitzer nicht mehr um sie kümmern konnten (oder wollten). Allein im Jahr 2004 konnte das Battersea-Tierheim 5814 Tieren ein neues Zuhause vermitteln. Außer einer 24-Stunden-Pflege, einschließlich tierärztlicher Behandlung vor Ort, hat Battersea noch ein Rehabilitationszentrum für Hunde mit Verhaltensstörungen zu bieten: Dadurch erhöhen sich deren Chancen, einen neuen Besitzer zu finden.

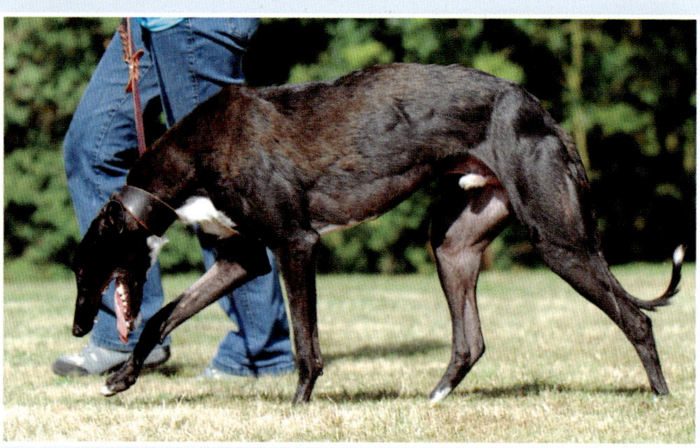

Der Tellington TTouch

Mein Partner Tony Head stieß während seines Aufenthalts in Los Angeles als Erster auf die Werke von Linda Tellington Jones. Als er mich anrief, um mir von der außergewöhnlichen Methode zu erzählen, die er im Fernsehen gesehen hatte und mit deren Hilfe man Hunden auf sanfte Arte und Weise dabei helfen konnte, Gesundheits- bzw. Verhaltensprobleme zu überwinden, musste ich lachen. Ich zog ihn damit auf, dass er auf einen geschickt getarnten Werbespot hereingefallen war. Ich wusste jedoch nicht, dass in der Sendung gezeigt wurde, wie man durch Lindas Methoden selbst bei schwierigsten Hunden Veränderungen herbeirufen konnte.

Einige Monate später bekam ich auf einem Tiergesundheitsseminar das Buch *The Tellington Touch* in die Hände. Ich blätterte die Seiten durch und war gefesselt. Vor dem Hintergrund der Humanmedizin und mit Lindas Leidenschaft für die Traditionelle Chinesische Medizin machte ihr Werk vollkommen Sinn. In diesem Moment merkte ich nicht, dass es sich um dieselbe Technik handelte, die ich einige Wochen zuvor noch strikt abgelehnt hatte. Ich begegnete Linda, als sie England besuchte und flog bereits vier Tage später nach Wyoming auf die wunderschöne Bitteroot Ranch, um an einem Tellington TTouch-Kurs für Pferde teilzunehmen. Jetzt war es an Tony zu lachen!

Zunächst qualifizierte ich mich in Amerika als Pferdeheilpraktikerin, doch schon bald pendelte ich zwischen meiner Heimat und den USA hin und her, um an den Haustierkursen von Linda und Robyn Hood teilzunehmen.

Das Erlernen der Tellington TTouch-Technik hat mein Leben verändert. Seit über zehn Jahren habe ich nun das Glück und das Vergnügen, mit außergewöhnlichen Menschen zusammen zu arbeiten.

Die Arbeit mit einer Vielzahl von Tieren, in unterschiedlichen Kulturen und vor allem mit einer bunten Mischung aus verschiedenen Hunderassen, ist für mich von unschätzbarem Wert. Und obgleich sich die Probleme unterschiedlich darstellen, ist ihr Ursprung doch meist gleich – Stress, Anspannung, Verwirrung und/oder Angst. Die Arbeit mit einem Tier wurde stets von der Hoffnung seines Besitzers und Halters getragen: Er hat den Wunsch, seinem Tier durch sanfte und effektive Methoden zu größtmöglichem Erfolg zu verhelfen.

TTouch kann nicht jeden Hund retten: Es kann nicht jede Spur von Angst aus dem Leben eines Hundes entfernen, noch gewährleisten, dass aus einem destruktiven, triebgesteuerten „Katzenkiller"-Rabauken ein friedlicher Pantoffelheld wird, der seine neue Lebensaufgabe in der Aufzucht verwaister Kätzchen sieht. Was TTouch aber bewirken kann, ist, Stress in jeder Form zu verringern, Selbstvertrauen und Selbstbeherrschung eines Hundes zu verbessern und ihm eine Alternative aufzuzeigen, wie er in stressigen Situationen seiner Angst Herr werden kann. Was aber am wichtigsten ist: Es zeigt dem Hundebesitzer eine spannende, einzigartige, lohnenswerte und höchst erfolgreiche Möglichkeit auf, seinem Hund zu helfen und ihm gegenüber ein größeres Verständnis bzw. eine tiefere Wertschätzung zu entwickeln.

Außer der Körperarbeit umfasst TTouch auch noch ein ausgeklügeltes System von Bodenarbeit.

Mein Partner Tony Head entdeckte als zuerst die Arbeit von Linda Tellington Jones.

Basiswissen

Dieses Kapitel vermittelt Ihnen ein vereinfachtes Basiswissen über Nervensystem, Gleichgewichts- bzw. Lagesinn, Tiefensensibilität sowie Reaktionen, sensorische Vernetzung und Schmerzgedächtnis bei Hunden. Für Ihre Arbeit mit Ihrem Hund ist es nicht wichtig, dass Sie das alles auswendig können, aber dieses Basiswissen hilft Ihnen dabei, bestimmte Reaktionen Ihres Hundes besser zu verstehen sowie einzuschätzen, wann und weshalb Sie die Körper- und Bodenarbeit bei Ihrem Hund effektiv einsetzen können.

Körperbalance und …

Verbindung zwischen Gesundheits- und Verhaltensproblemen?

Es gibt immer einen Grund für Verhaltensauffälligkeiten und selbst extreme Verhaltensmuster können bei Hunden oft auf körperliche Ursachen zurückgeführt werden bzw. gehen mit Spannungsbereichen im Hundekörper einher. So reagiert beispielsweise ein Hund, der Verspannungen in den Hinterläufen aufweist und meist seinen Schwanz einzieht, mit großer Wahrscheinlichkeit auch empfindlich auf Geräusche, nervös auf neue Situationen und misstrauisch gegenüber Fremden. Sobald die Verspannungen in den Hinterläufen gelöst werden, verschwinden auch die damit verbundenen Verhaltensmuster.

Natürlich sind an unerwünschten Verhaltensweisen auch Faktoren wie z.B. Rassemerkmale, genetische Veranlagung, mangelhafte Erziehung, unangemessene Haltung, schlechte Ernährung, fehlende Sozialisierung usw. mitbeteiligt – doch die Wirkung der Körperhaltung auf das Denken, Fühlen und Lernen eines Hundes kann nicht geleugnet werden. Viele der unsozialen Verhaltensweisen, die ein Hund entwickelt, können aus Frust bzw. Stress entstehen, doch auch dies kann eine nachteilige Wirkung auf die Körperhaltung eines Hundes haben. Steht ein Hund unter Zwang, weil er seine angeborenen Verhaltensmuster, wie z.B. Hüten, nicht ausleben kann, dann ist er höchstwahrscheinlich im Hals-, Schulter- und Rückenbereich sehr angespannt. Diese Körperhaltung führt wiederum zu gesteigerter Erregbarkeit und Verhaltensstörungen.

… emotionales Gleichgewicht gehören zusammen.

Sally weist Spannungen um den Schwanz und an den Hinterläufen auf, …

… sie ist geräuschempfindlich und fährt nicht gern im Auto mit.

Wendet man die TTouch Körper- bzw. Bodenarbeit bei Hunden an, die hyperaktiv oder nervös sind, dann beruhigen und entspannen sie sich bereits nach erstaunlich kurzer Zeit. Ihre Reaktionen sind überlegter, d.h. erfolgen weniger „automatisch“. Die Methode hat überdies den zusätzlichen Vorteil, dass sie auch auf die ausführende Person beruhigend wirkt, was für die Arbeit mit dem Hund überaus wichtig ist.

Verhalten und emotionales bzw. mentales Wohlbefinden stehen folglich in enger Verbindung mit dem körperlichen Zustand eines Hundes und beeinflussen sich gegenseitig. Wenn man es schafft, eine unerwünschte Körperhaltung zu ändern, dann wird dadurch nicht nur das körperliche Wohlbefinden gesteigert bzw. Stress verringert: Man fördert auch die Funktionen von Körper und Gehirn. Ein Hund, der sich bewusst und ausgeglichen bewegt, verhält sich meist weitaus weniger aggressiv als einer mit einer starren, steifen Körperhaltung. Ein ruhiger, zufriedener Hund mit geschmeidigen Körperbewegungen ist auch weniger anfällig für Verletzungen und gesundheitlich stabiler, weil Stress das Immunsystem negativ beeinflusst. Ein solcher Hund kann neue Informationen schneller verarbeiten, ist einfacher zu trainieren und im Allgemeinen zuverlässiger in Bezug auf Verhalten und Leistungsvermögen. Hinzu kommt, dass ein Hund, der Körperberührungen genießt, keine große Angst vor dem Tierarzt bzw. dem Hundefriseur hat (s. S. 35) und sich an neue Situationen bereitwillig anpasst. Er zeigt sozialeres Verhalten, mehr Selbstvertrauen und erholt sich schneller von psychischen Belastungen.

Gemma ist extrem handscheu und schnappt, wenn man sie anfasst.

Mit „unechten Händen“ (s. S. 31) und verschiedenen Utensilien, wie z.B. einem Pinsel, lassen sich die Erwartungen, die ein Hund mit menschlichem Kontakt verknüpft, verändern und neue Erfahrungen hinzufügen, sodass er seine gewohnheitsmäßigen Reaktionen überwinden kann.

Was bedeutet Körper- bzw. Bodenarbeit?

- Körperarbeit besteht aus speziellen passiven Berührungen an Haut, Beinen, Rute und Ohren, um die Durchblutung anzuregen und Spannungen abzubauen.
- Bodenarbeit besteht aus langsamen, bewusst ausgeführten Übungen an der Leine über verschiedene Oberflächen, durch Stangen-Labyrinthe und Kegelhütchen-Slalom hindurch, um Koordination und Gleichgewichtssinn zu verbessern.

Nervensystem

Das Nervensystem identifiziert bzw. interpretiert jegliche Veränderung eines Zustands – sowohl im als auch außerhalb des Körpers – und reagiert darauf (siehe Abbildung). Es arbeitet mit dem endokrinen System zusammen, reagiert jedoch schneller als dieses. Es transportiert eintreffende Sinnesreize zu den Schaltzentren in Gehirn und Rückenmark, interpretiert die Informationen und übermittelt sie an Effektorzellen – wie beispielsweise die Muskeln, die darauf mit Bewegung reagieren.

Gleichgewicht und Lagesinn

Unter Gleichgewicht versteht man einen Zustand von Körperbalance bzw. -stabilität, bei dem der Hund sein Körpergewicht gleichmäßig auf alle vier Füße verteilt und in der Lage ist, seine Haltung nach Wunsch zu verändern.

Selbstvertrauen und Selbstbeherrschung beeinflussen die Körperhaltung – und werden ihrerseits von ihr beeinflusst. Ein Hund, dessen Körper sich nicht im Gleichgewicht befindet, verhält sich emotionaler als einer, der körperlich ausgeglichen ist.

Unter dem Lagesinn versteht man den Teil des Nervensystems, der dafür zuständig ist, dass der Hund sich über die Lage seiner Gliedmaßen bewusst ist, ohne sie dabei sehen zu müssen. Der Lagesinn ist außerdem Bestandteil des Koordinationssystems. Hunde mit schlecht entwickeltem Lage- bzw. Gleichgewichtssinn erscheinen oft hyperaktiv, extrem anhänglich oder unbeholfen: Sie springen beispielsweise in die Luft, ziehen oder drehen sich an der Leine, werfen Gegenstände um, rennen ihrem Herrchen vor die Füße oder stürzen sogar vornüber.

Nervensystem

Das Nervensystem unterteilt sich in zwei Hauptabschnitte: das zentrale und das periphere Nervensystem.

Zentrales Nervensystem

- Besteht aus Gehirn und Rückenmark.
- Empfängt Informationen von den Sinnesorganen, wie z.B. den Ohren, Augen und der Haut und sendet über das periphere Nervensystem Signale an Muskeln und Drüsen.

Peripheres Nervensystem

- Besteht weitgehend aus Nerven, die Gehirn und Rückenmark mit den übrigen Körperbereichen verbinden.
- Übernimmt unzählige Aufgaben mit Hilfe seines ausgedehnten Kommunikationsnetzwerks aus Nerven und Ganglien.
- Unterteilt sich in zwei wichtige Abschnitte: das vegetative und das somatische Nervensystem.

Somatisches Nervensystem

- Steuert die Muskeln für willkürliche bzw. bewusste Bewegungen.

Vegetatives Nervensystem

- Zuständig für die unbewusste Steuerung der inneren Körperabläufe.
- Besteht aus zwei Anteilen, die eine entgegengesetzte Wirkung auf den Körper ausüben: dem Parasympathikus und dem Sympathikus.

Parasympathisches Nervensystem

- Speichert die Energie im Körper, indem es Herz- und Atemfrequenz drosselt, die Entspannung fördert, das Verdauungssystem aktiviert, die Blutgefäße erweitert usw.

Sympathisches Nervensystem

- Bereitet den Körper auf erhöhte Aktivität bzw. Stresssituationen – einschließlich Flucht – vor, indem es die Herz- und Atemfrequenz beschleunigt, die Darmfunktion verlangsamt, die Blutgefäße verengt usw.

Hunde mit schlechtem Gleichgewichtssinn sind oft anhänglich ...

... und es fällt ihnen schwer, ruhig an der Leine zu gehen.

Angst, Schmerz und Schmerzgedächtnis

Bei Verletzungen treten akute Schmerzen auf, die die Bewegungen beeinträchtigen können; doch selbst nach Abheilen der Verletzung kann es vorkommen, dass sich der Hund verhält, als würde ihn der Bereich noch schmerzen. Ursache dafür kann sein, dass der Hund eine Schonhaltung angenommen hat, um den ursprünglichen Schmerz zu kompensieren oder dass er ein sogenanntes Schmerzgedächtnis entwickelt hat.

Letzteres ist ein altbekanntes Phänomen, das beim Menschen bereits erforscht wurde. Es bedeutet, dass ein Hund z.B. immer noch empfindlich reagiert, wenn man sein Bein berührt, obwohl die eigentliche Verletzung schon längst abgeheilt ist. Er erwartet Schmerzen, wenn er beispielsweise einen Kragen tragen muss oder gebürstet wird, selbst wenn das zugrunde liegende Gesundheitsproblem längst behoben wurde. Ein Schmerzgedächtnis kann frustrierend und verwirrend sein, weil es schwierig ist, herauszufinden, ob der Hund tatsächlich noch Schmerzen hat oder nicht.

Angst und Schmerz können ähnliche Reaktionen auslösen und es ist wichtig zu erkennen, dass das Problem für den Hund sehr real ist. Körper- und Bodenarbeit können durch Beeinflussung des Nervensystems helfen, erlernte Reaktionen zu verändern. Ist ein Schmerzgedächtnis bzw. die Angst vor Schmerzen die Ursache, dann sollte sich schon bald nach Aufnahme der Arbeit eine Verhaltensänderung bemerkbar machen.

Ra war das Opfer von Grausamkeiten und Vernachlässigung. Er hatte Angst vor Berührungen an der Wirbelsäule und geriet in Anwesenheit von Menschen in extremen Stress. Um seine Berührungsängste zu beseitigen, wurde er zur Hälfte mit einer Körperbandage umwickelt (s. S. 93) – und nach kurzer Zeit ließ er sich bereits von zwei Händen mit TTouches verwöhnen.

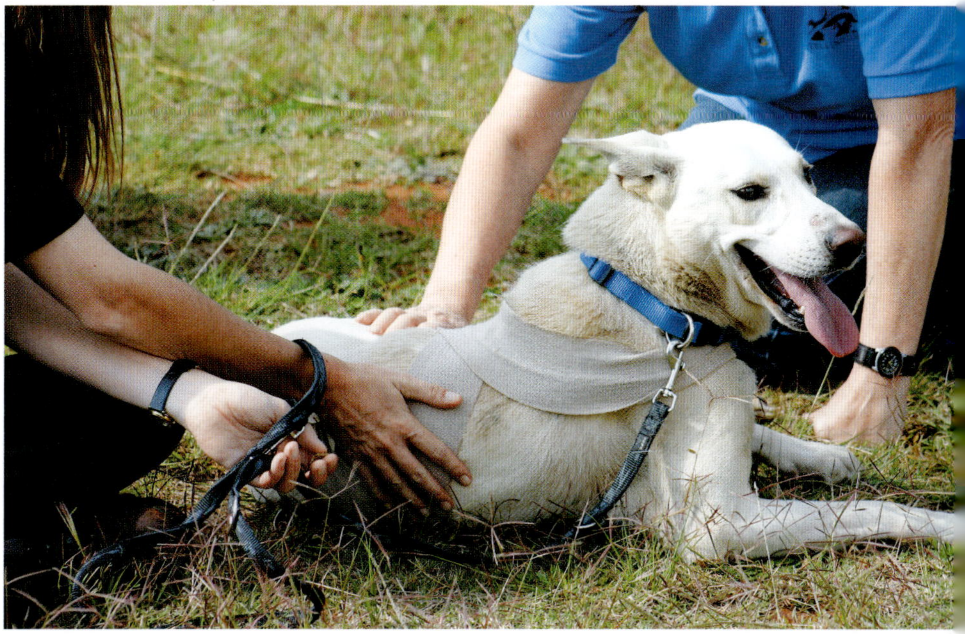

Sensorische Integration

Alle Sinne arbeiten zusammen und die Sinneserfahrungen umfassen Berührung, Bewegung, Sehen, Geräusche, Erdanziehungskraft, Geruch, Geschmack und Körperbewusstsein. Die Ordnung und Interpretation der eingehenden Informationen durch das Nervensystem wird als sensorische Integration bezeichnet. Es ist ein bedeutender Grundstein für Lernvorgänge und Verhalten.

Studien mit Kindern mit mangelhafter sensorischer Integration zeigten, dass es diesen an Selbstbewusstsein, Selbstbeherrschung, Konzentration und der Fähigkeit, sich selbst zu beruhigen, fehlte. Sie hatten außerdem Schwierigkeiten, sich an neue Gegebenheiten anzupassen, waren unbeholfen, konnten sich schlecht in eine Gemeinschaft einfügen und zeigten bei Spannungen, Berührung, Bewegung, bestimmten Geräuschen oder Bildern Über- bzw. Unterreaktionen. Viele Hunde mit Verhaltensstörungen oder solche, die als schwer erziehbar gelten, weisen einige – oft sogar alle – der oben beschriebenen Symptome auf.

Auch sie können sich nur kurze Zeit konzentrieren, werden durch Berührung, Geräusche oder Bewegungen überstimuliert und besitzen oft nicht die Fähigkeit, sich selbst zu beruhigen.

Körper- und Bodenarbeit helfen, die sensorische Integration zu verbessern. Beide sind von unschätzbarem Wert, wenn es darum geht, unerwünschte Verhaltensmuster zu beseitigen, ohne auf Dominanzgehabe, Furchteinflößung oder Gewaltanwendung zurückgreifen zu müssen – was wiederum noch mehr Stressreaktionen hervorrufen würde. Man kann das Verhalten eines Hundes in relativ kurzer Zeit drastisch ändern, indem man in das Training bestimmte Übungen und Techniken zur Verbesserung der sensorischen Integration mit einbezieht – z.B. zieht man dem Hund ein T-Shirt an oder umwickelt ihn zur Hälfte mit einer Körperbandage (s. S. 93), man lässt ihn über eine niedrige Wippe (s. S. 92) oder durch ein Labyrinth gehen (s. S. 118).

Buddeln ....

... und die Weigerung weiterzugehen, können Anzeichen dafür sein, dass der Hund verwirrt, nervös oder unsicher ist.

Verengte Augen und angelegte Ohren können darauf hindeuten, dass sich der Hund gestresst bzw. bedroht fühlt.

Körpersprache und Kommunikation

Es ist wichtig zu erkennen, wann ein Hund gestresst bzw. unglücklich ist. Wir verstehen, wenn ein Hund knurrt, winselt, bellt oder zwickt, doch es gibt noch eine viel feinere Hundesprache, die meist als Erstes eingesetzt wird – die Körpersprache. Hunde sind sich in manchen Ausdrucksformen sehr ähnlich, je nachdem ob sie entspannt oder gestresst sind. Um dies unterscheiden zu können, sollte man Geschwindigkeit bzw. Häufigkeit des Verhaltensmusters betrachten und dabei auch die Gesamtsituation in Betracht ziehen. So wird z.B. ein Hund, der mit dem Schwanz wedelt, gemeinhin als freundlich eingeschätzt. Tatsächlich kann es aber auch bedeuten, dass er erregt bzw. gereizt ist.

Achten Sie auf die Augen. Weiten, verengen oder haften sich die Augen auf etwas Bestimmtes bzw. entstehen Falten im Bereich der Augenlider, dann sind dies Anzeichen dafür, dass sich der Hund unwohl bzw. gestresst fühlt: Unter diesen Umständen verändern sich die Augen meist als Erstes. Diese Reaktionen werden oft begleitet von einem Anlegen der Ohren und einer Anspannung der Muskeln um die Schnauze und am Kopf. Der Hund atmet flach bzw. scheint seinen Atem anzuhalten.

Gestresst oder entspannt?

Stress-Signale	Entspannungs-Signale
Häufiges, oberflächliches Seufzen	Langsames Seufzen
Aufstoßen	Tiefe, regelmäßige Atemzüge
Hektisches Gähnen	Langsames Gähnen
Schnelles Lecken der Lefzen	Langsames Lecken der Lefzen
Tonlose Maulbewegungen	Entspannter Nacken und Rücken
Kratzen	Dehnen
Verspannte Kiefer	Entspannte Schnauze und Lefzen
Erhöhte Herzfrequenz	Weicher Blick
harter starrer Blick	

Ein starrer Blick sowie angespannte Stirn und Ohren können auf Stress hindeuten.

Wenn sich der Hund zu entspannen beginnt, wird sein Blick weich, Stirn und Ohren lockern sich und er leckt sich langsam und genüsslich über die Lefzen.

Der Kopf hebt oder senkt sich, Nacken und Rücken versteifen sich. Manche Hunde scheinen völlig „abzuschalten" und ihr Blick wirkt träge und desinteressiert.

Auch die Stellung der Ohren ist ein Indikator für den Gemütszustand eines Hundes. Achten Sie auf kleinste Bewegungen genauso wie auf die augenfälligen. Bei einem ausgeglichenen Hund sind die Ohren entspannt, bei einem nervösen sind sie angelegt, flach am Kopf oder aufgestellt. Ein erregter Hund bzw. ein ständig wachsamer Hund hat angespannte, nach vorn gerichtete Ohren.

Anzeichen für einen unsicheren bzw. gestressten Hund sind: Weigerung weiterzugehen, vorwärtsdrängen, ständiges Lecken bzw. Kauen an derselben Körperstelle, Drehen des Kopfes bzw. des hinteren Körperviertels, Weglaufen, Anheben eines Vorderbeins.

Diese beiden Hunde begegnen sich zum ersten Mal und gehen zuerst vorsichtig, aber freundlich aufeinander zu. Die unterschiedliche Körpersprache der beiden ist deutlich sichtbar.

„Laute“ körpersprachliche Signale

Die meisten Menschen, die mit Hunden arbeiten, haben schon von Zwischenfällen gehört, bei denen ein Hund anscheinend ohne vorherige Warnung zugebissen haben soll. Dies ist jedoch in der Tat sehr unwahrscheinlich. In den meisten Fällen sendet ein Hund vorab Signale, die dem Menschen mitteilen sollen, dass er sich bedroht oder unsicher fühlt: Diese Signale werden leider oft übersehen bzw. falsch interpretiert, weil das Bewusstsein dafür fehlt. Wenn die subtilen Signale nichts bewirken, dann wird der immer mehr in Bedrängnis geratende Hund versuchen, seine Angst auf „lautere“ Art und Weise zu zeigen. Sobald ein Hund aber gelernt hat, dass er nur durch „Schreien“ Gehör findet, wird er auf diese Art weitermachen.

Diese unberechenbaren Reaktionen können sich genauso einprägen wie die gewohnheitsbedingten Körperhaltungen. Es kann vorkommen, dass der Hund das Vertrauen in seine Kommunikationsfähigkeit verliert und als dominant-aggressives Alpha-Tier abgestempelt wird, das mit strenger Hand auf seinen Platz verwiesen werden muss. In einigen Fällen wurde der Hund auch darauf trainiert bzw. dazu ermutigt, sich aggressiv zu verhalten. Was immer auch die Ursache sein mag: Das Verhalten des Hundes ist aus Hundesicht vollkommen angemessen.

Die fünf „F“

Der Hund zeigt fünf verschiedene Reaktionen auf Reize, die uns mitteilen, dass er mit der Situation Probleme hat. Ihnen voraus gehen oftmals subtilere Signale (siehe „Schreien“ oben), die jedoch unerkannt bleiben können, wenn alles sehr schnell geht.

Fliehen (**F**light)
Meist ist dies die erste instinktive Reaktion, weil es mehr Sinn macht, vor einer drohenden Gefahr zu fliehen als eine Verletzung oder sogar den Tod zu riskieren. Die Sinne sind in Alarmbereitschaft und die Herzfrequenz beschleunigt. Die Blutversorgung der Extremitäten wird eingeschränkt, damit die für eine schnelle Flucht wichtigen Muskeln, das Herz und die Lunge besser durchblutet werden können.

Kämpfen (**F**ight)
Die Reflexe Flucht oder Kampf sind eng miteinander verbunden. Ein Kampf findet meist dann statt, wenn keine Fluchtmöglichkeit mehr besteht. Deshalb verhalten sich Hunde an der Leine bzw. wenn sie sich in die Enge getrieben fühlen, oft aggressiver.
Bei Hunden entsteht Aggressivität durch Frust, Stress, Panik, unangemessene Haltung, schlechte Zuchtbedingungen, schlechte Ernährung und fehlende Sozialisierung. Sie kann außerdem aus Angst entstehen, wenn der Hund – oft schon nach einer einzigen Erfahrung – früh gelernt hat, dass Angriff die beste Verteidigung darstellt. Auch Medikamente, Schmerzen oder andere gesundheitliche Beschwerden, die es zu beheben gilt, können die Ursache für aggressives Verhalten sein.

Einfrieren (**F**reeze)
Diese Reaktion tritt meist auf, wenn sich ein Hund fürchtet oder sich bedroht bzw. unsicher fühlt. Der Hund bleibt wie angewurzelt stehen, bekommt einen starren Blick, sein Körper versteift sich und er scheint den Atem anzuhalten.
Dieses „Einfrieren“ kann fälschlicherweise so interpretiert werden, dass der Hund gelassen ist und die Aufmerksamkeit/Situation genießt oder dass er sich aus Sturheit weigert weiterzugehen, ins Auto zu springen, die Straße hinunterzugehen usw. Sobald sich der Hund wieder bewegt, treten als Folge dieses Einfrierens Verhaltensmuster wie z.B. Schnappen, Davonrennen, Springen und Drehen, mit dem Maul an der Leine zerren usw. auf. Wenn Sie bemerken, dass Ihr Hund wie angewurzelt stehen bleibt, dann vergessen Sie, was Sie gerade tun wollten bzw. was Sie wollten, dass Ihr Hund tut. Machen Sie etwas, das ihm leicht fällt oder gönnen Sie ihm eine Pause. Das hilft ihm, Selbstvertrauen aufzubauen und Ihnen noch mehr zu vertrauen.
Bevor ein Hund zubeißt, bleibt er oft nur für den Bruchteil einer Sekunde wie angewurzelt stehen: Diese Zeit ist natürlich nicht ausreichend, um auszuweichen, doch meist gehen dem „Einfrieren“ andere Stress-Signale voraus (s. S. 17). Tritt das „Einfrieren“ in Anwesenheit des Halters/Besitzers auf, während Sie mit dem Hund arbeiten, dann fordern Sie den Besitzer auf, seinen Hund zügig, aber ruhig von Ihnen fortzuführen. Wenn Sie derjenige sind, der einen Schritt zurückweicht, dann löst diese Bewegung sehr wahrscheinlich aus, dass der Hund zubeißt.

Umfallen (**F**aint)
Diese Reaktion kommt selten vor und es handelt sich nicht um einen echten „Ohnmachtsanfall“, obgleich Hunde mit bestimmten Gesundheitsproblemen durchaus bewusstlos werden können. Fällt der Hund einfach um, dann muss er umgehend zu einem Tierarzt gebracht werden. In Zusammenhang mit den fünf Reaktionen auf bestimmte Reize, deutet das „Umfallen“ auf eine Situation, die den Hund vollkommen überfordert, sodass er „abschaltet“ und umfällt. Bei Pferden ist dieses Verhalten viel öfter zu beobachten, doch es tritt auch bei Hunden auf, die wiederholt bestraft bzw. bis aufs Äußerste gestresst wurden. Kein Tier sollte so bestraft werden, dass es so weit kommen kann.

Herumalbern (**F**ool around)
Diese häufig auftretende Reaktion wird oft fälschlicherweise als Langeweile oder Hyperaktivität interpretiert. Dabei rennt der Hund ziellos umher, springt in die Luft, beißt in die Leine, nimmt die Hand seines Besitzers ins Maul oder wird beim Spielen sehr grob. Dieses „Herumalbern“ wird oft auch mit purer Lebensfreude

Bestrafung ist keine Lösung

Bestraft man einen Hund, wenn er Warnsignale, wie z.B. Knurren, von sich gibt, dann kann dies weitere Probleme nach sich ziehen. Betrachtet man das Ganze aus der Sichtweise eines Hundes, dann wird er dafür gescholten, dass er auf eine Gefahr bzw. seine Unsicherheit aufmerksam macht. Wird der Grund für die Warnung nicht behoben und der Besitzer fährt fort, den Hund zu bestrafen, dann wird dieser genau das tun, was von ihm erwartet wird: Er hört auf zu knurren und wird das nächste Mal bei Bedrohung oder Unsicherheit höchstwahrscheinlich gleich zubeißen.

Die Körpersprache eines Hundes ist faszinierend. Die norwegische Hundetrainerin Turid Rugaas befasst sich damit seit über zehn Jahren. Ihr Buch *Calming Signals* ist ein absolutes Muss für jeden Hundehalter und -trainer.

Wenn man die Beschwichtigungssignale versteht, dann erkennt man bereits frühzeitig die Auslöser für unerwünschte Verhaltensweisen und kann Maßnahmen ergreifen, um die Angst des Hundes in den Griff zu bekommen, bevor sie eskaliert.

Bleibt ein Hund wie angewurzelt stehen, so wird dies oft missverstanden: Es kann ein Anzeichen von Stress sein.

verwechselt, sodass der Besitzer den Hund in seinem Verhalten noch aufstachelt und dieser noch mehr „ausflippt".
Es kann sein, dass sich der Hund – wenn er sich in einer Situation unsicher fühlt – in eine Übersprungshandlung wie z.B. Schnüffeln, Lecken oder Herumalbern flüchtet, jedoch nicht in der Lage ist, sich dem Stimulus zu entziehen. Bestraft man den Hund dafür oder hält man ihn mit Gewalt von diesen Handlungsweisen ab, so kann man damit eine weitere Reaktion, wie z.B. einen Kampf, auslösen.

Vor allem junge Hunde können sich nur kurze Zeit konzentrieren. Sie können damit beginnen, herumzualbern, sobald sie an die Grenzen ihres Lernvermögens stoßen. Wenn Sie merken, dass Ihr Hund damit beginnt, dann betrachten Sie sein Verhalten im Zusammenhang mit der Situation, in der es auftritt, und beenden Sie die Übungen, die Sie gerade durchgeführt haben. Gönnen Sie ihm eine Pause und verringern Sie den Stress-Level durch Körperarbeit.

Schubladendenken

Wir Menschen neigen dazu, Verhaltensweisen bzw. Probleme in eine bestimmte Schublade zu stecken. Bisweilen geschieht dies zum Nachteil des Hundes, da wir seine Handlungen falsch interpretieren. Ist ein Hund jedoch einmal abgestempelt, dann ist es extrem schwierig, diesen Ruf wieder loszuwerden. Diese „Etikettierung" kann nicht nur unsere Fähigkeit, dem Hund zu helfen, einschränken, sondern sie kann die Situation noch verschlimmern. Nehmen wir z.B. einen Hund, der Probleme mit bestimmten Fütterungsarten hat. Bezeichnet man sein Verhalten als „Futterneid", dann beschwört man damit ein düsteres, bedrohliches Bild herauf. Spricht man hingegen von einem „Reizdarm-Syndrom", dann ändert sich auch die Sichtweise, mit der der Besitzer das Problem betrachtet. Außerdem wird die Situation so korrekter beschrieben, weil Hunde aus verschiedenen Gründen unerwünschte Verhaltensmuster rund ums Futter entwickeln:

- Man ließ sie absichtlich hungern bzw. ernährte sie mangelhaft
- Sie wurden mit Futter „geärgert"
- Sie mussten ums Futter kämpfen, um zu überleben
- Sie wurden zu früh ihrer Mutter weggenommen
- Sie leiden an Nährstoffmangel und sind nie satt.
- Sie leiden an einer Darmstörung, Zahnproblemen oder einer Futterallergie, sodass die Nahrungsaufnahme zu einer unangenehmen Erfahrung für sie wird
- Man hat sie bestraft, weil sie Lebensmittel gestohlen bzw. darum gebettelt haben, anstatt sie dementsprechend zu erziehen
- Aufgrund von Langeweile und/oder Frust nimmt die Fütterung einen extrem hohen Stellenwert in ihrem Leben ein

Auch die Platzierung des Futternapfes bzw. die Lage des Raumes, in dem der Hund gefüttert wird, kann ein Teil des Problems darstellen. Steht die Futterschüssel z.B. an der Wand und der Hund leidet an Verspannungen im hinteren Körperviertel, dann kann er sich beim Fressen eventuell nicht entspannen, weil ihn die Vorgänge hinter ihm irritieren. Es ist nicht

Hunde sind soziale Tiere und können bei angemessener Haltung wunderbar mit neuen Hunden und Menschen zurechtkommen.

immer möglich festzustellen, wann und weshalb das Problem zum ersten Mal auftrat, doch bedeutet das nicht, dass sich der Hund beim Fressen immer so verhalten wird. Wenn man die Fütterungsgewohnheiten leicht abändert, indem man den Hund öfter füttert, die Ernährung umstellt, ihm einen ruhigen Ort bietet, an dem er ungestört für sich fressen kann und/oder allgemein seinen Stress-Level verringert, dann kann man bei zahlreichen Hunden mit „Reizdarm-Syndrom" eine Besserung ihres Fressverhaltens erreichen.

Auch das Wort „dominant" ist eine weit verbreitete, unangemessene Etikettierung: Es beinhaltet, dass der Hund glaubt, das Sagen zu haben, und dass man mit allen Mitteln versuchen muss, seine Rangposition zu ändern, damit Mensch und Hund harmonisch zusammenleben können. Eine solche Vorgehensweise kann die Situation noch verschlimmern. Hunde sind nicht dumm: Sie wissen, dass ihr Herrchen ein Mensch und kein Hund ist. Und Hunde sind soziale Tiere, die geführt und gelenkt werden wollen und dementsprechend reagieren. Sie durchlaufen unterschiedliche Entwicklungsphasen und brauchen Beständigkeit, positives Training und Verständnis, damit sie zu ausgeglichenen, selbstbewussten und disziplinierten Hunden heranwachsen können.

Beobachten Sie einmal einen sogenannten „dominanten" Hund und achten Sie auf seinen Gesichtsausdruck, erfühlen Sie seine Spannungsbereiche (s. S. 36) auf seinem Körper und merken Sie sich seine Reaktionen auf bestimmte Reize – dann werden Sie wahrscheinlich feststellen, dass dieser Hund in Wirklichkeit unsicher, untrainiert und sich seiner Grenzen bzw. des Kampf-/Flucht-Reflexes nicht bewusst ist, weil er verwirrt bzw. frustriert ist oder unter Zwang steht.

Die Geschichte von Archie

Als unser fantastischer, höchst unterhaltsamer Tierheimhund Archie 18 Monate alt war, schnappte er einmal nach Tony, als dieser versuchte, ihn vom Sofa herunter zu bewegen. Wie jeder Besitzer eines Lurchers weiß, spielt das Sofa eine bedeutende Rolle im Leben eines Hundes,

Archie ist zu einem fantastischen, sanften Hund herangewachsen.

Tony und Archie.

der sich auf seine Sehkraft verlässt: Archies Verhalten hätte man also fälschlicherweise als Verteidigung seines Ruheplatzes, bzw. als pures Dominanzverhalten interpretieren können. Archies Weigerung, das Sofa auf Tonys Aufforderung hin zu verlassen, hätte auch damit zusammenhängen können, dass Tony einen Großteil des Tages außerhalb arbeitet und Archie sich somit als ranghöher betrachtet. Der zweite Gedanke ließe sich durch die Kenntnis untermauern, dass Archie ein Londoner Streuner war, der bei seiner Aufnahme im Tierheim zahlreiche Verhaltensmuster aufwies, mit denen wir uns auseinander zu setzen hatten, als wir ihn im Alter von sechs Monaten adoptierten:

- Sehr hoher Stress-Level
- Geräuschempfindlichkeit bis hin zur Phobie
- Höchst nervös in Anwesenheit von Menschen, vor allem Männern
- Hysterisch bei Autofahrten
- Übererregbar mit Neigung zum „Zuschnappen"
- Großes Talent zum Alleinunterhalter
- Der *größte* Dieb, der jemals auf unserer Erde wandelte
- Chefzerstörer sämtlicher schöner Dinge – einschließlich meiner Anya Hindmarch-Handtasche (um ganz ehrlich zu sein, hat er sie nicht wirklich zerstört: Beim Durchstöbern des Tascheninhalts verfing er sich mit dem Hals im Griff und stürzte Hals über Kopf aus dem Haus).

Wenn man sich diese Liste anschaut, dann könnte man annehmen, dass dieser Hund im Laufe seines Heranwachsens das Potenzial zu weiteren Verhaltensstörungen in sich trug. Zum Glück wissen Tony und ich, dass solches Verhalten seinen Ursprung oft woanders hat.

Als sich der Vorfall ereignete, befand ich mich im oberen Stockwerk und als Tony zu mir gerannt war, um mir davon zu erzählen, waren meine ersten Worte:" Oh, nein! Was ist ihm heute zugestoßen?". Tony dachte nach und erinnerte sich, dass Jet – ein Deutscher Schäferhund, der bei uns auf der Farm lebte – zuvor auf Archie gesprungen war, als beide zusammen über die Felder tobten.

Ich stürzte nach unten, setzte mich mit Archie aufs Sofa und untersuchte ihn. Tatsächlich gab es Spuren einer Verletzung. Die Haare auf der Rückenmitte standen nach oben und das Gewebe zu beiden Seiten der Wirbelsäule war angeschwollen und fühlte sich heiß an. Seine Augen waren starr und ausdruckslos und er wirkte gestresst und alarmiert. Als ich ihn zum Aufstehen aufforderte, waren seine Bewegungen sehr langsam und schwerfällig.

Dies war eine der zahlreichen Situationen, in denen ich dankbar war, die TTouches zu kennen. Ich wandte den Wolken-Leopard TTouch und Bauchhebungen auf Archies gesamtem Körper an (s. S. 95) und bearbeitete seine Ohren. Bereits nach zehn Minuten war er viel ruhiger und entspannter. Er erhielt McTimoney-Behandlungen (siehe Kasten S. 23) in Kombination mit TTouches und war dadurch bereits nach kurzer Zeit vollständig wiederhergestellt. Zwar wird dieser Rückenbereich wahrscheinlich immer empfindlich bleiben, aber ich kann dafür sorgen, dass Archie glücklich und beweglich bleibt und den Zeitpunkt erkennen, wenn er weiterer Behandlung bedarf, indem ich sein Fell in Augenschein nehme und die Beweglichkeit seiner Haut überprüfe.

Ich habe mit mehreren Hunden gearbeitet, die ihren Liegeplatz verteidigten und bei den meisten konnte ich eine erhöhte Sensibilität im Rückenbereich und/oder in der hinteren Körperhälfte feststellen.

Wenn man einmal logisch überlegt, dann macht es Sinn, dass ein Hund, der sich unwohl fühlt, nur ungern seinen Ruheplatz aufgibt:
Das Aufstehen bereitet ihm Probleme und durch das lange Liegen haben sich eventuell seine Gliedmaßen noch mehr versteift. Wird der Hund nun für sein Verhalten bestraft, dann ändert sich der Auslöser für seine Angst: Es wird nicht länger das eigentliche Aufstehen sein, sondern die Furcht vor der sich ihm nähernden Person. Sein Angst-Level wird ansteigen, sobald eine Person den Raum betritt.

Wenn Ihr Hund knurrt, wenn Sie sich seinem Liegeplatz nähern, dann achten Sie einmal darauf, wie er sich ohne bzw. an der Leine bewegt. Ist er steifer nach einem langen Spaziergang bzw. anstrengenden Training? Es kann sein, dass Sie erst am folgenden Tag bzw. nachdem er eine Weile geschlafen hat, eine Veränderung in seinen Bewegungen feststellen. Zögert er – z.B. nach einem Spaziergang im Wald – zu Hause angekommen, aus dem Auto zu springen, dann kann es darauf hindeuten, dass er sich nach Bewegung aller Art unwohl fühlt. Wenn man einen Hund von seinem Ruheplatz wegzerrt, kann dies jederzeit dazu führen, dass er zuschnappt. Durch positives Training bietet man ihm hingegen ein

Hunde können wundervolle Gefährten für Kinder sein – vorausgesetzt, man bringt beiden bei, wie sie miteinander umzugehen haben.

Von klein auf lernte Maisie die TTouches. Sie hat deshalb eine einzigartige Verbindung zu allen Tieren.

Motiv und eine Belohnung. Man verstärkt dadurch keineswegs den Stress des Hundes, weil die Methode sanft, sicher und effektiv ist.

Kinder und Hunde

Das „Abstempeln" eines Hundes bzw. das Missverstehen seiner Sprache und Reaktionen kann besonders beim Umgang mit Kindern zu Problemen führen. Hunde können tolle Spielgefährten für Kinder sein, doch die Dinge können leicht außer Kontrolle geraten, wenn die vom Hund ausgesendeten Warnsignale nicht verstanden werden. Mit Hilfe des Clicker-Trainings (s. S. 26) kann sich zwischen Kindern und Hunden eine wundervolle Beziehung entwickeln. Den Kindern wird beigebracht, wie sie den Hund zum Sitzen, Bleiben und Zurückkommen bringen, ohne dabei widersprüchliche Signale auszusenden oder sich über den Hund zu lehnen, um ihn nach unten zu drücken.

Mit Hilfe der TTouches kann Ihr Kind den richtigen Umgang mit einem Welpen bzw. Hund erlernen. Die übrigen Familienmitglieder bekommen vermittelt, wie man einen extrem temperamentvollen Hund zur Ruhe bringen kann, ohne sein Verhalten durch Fehler zum Eskalieren zu bringen bzw. es fälschlicherweise als Spiel zu interpretieren. Es ist ganz besonders wichtig, dass gerade Kinder den Umgang mit Hunden erlernen, weil viele Hunde nervös bzw. übererregt reagieren, wenn Kinder lärmend herumtoben oder sich ihnen ungeschickt nähern. Gehen Sie kein Risiko ein, wenn die Sicherheit eines Kindes auf dem Spiel steht.

McTimoney-Chiropraktik

Die McTimoney-Chiropraktik basiert auf einer ganzheitlichen Beurteilung des Einzelnen – einschließlich dessen Wohlbefinden und Lebensqualität. Bei diesem chiropraktischen Ansatz werden die Wirbel durch schnelle Handgriffe wieder in ihre korrekte Position gebracht und auch Becken, Kreuzbein und Schädel können wieder eingerichtet werden. Ziel eines Chiropraktikers nach McTimoney ist es, die Selbstheilungskräfte des Körpers zu stimulieren: ein Konzept, das sich auf perfekte Weise mit der Philosophie der TTouches vereinbaren lässt. Aus diesem Grund wurde die McTimoney-Chiropraktik zu einem festen Bestandteil meiner Arbeit.

Jenna

Anna kam auf unsere Farm, um einen Weg zu finden, wie sie ihrer zweijährigen Golden Retriever-Hündin Jenna helfen konnte, Ruhe zu finden und sich an ihr neues Heim zu gewöhnen. Außerdem bereitete ihr die Beziehung zwischen Jenna und ihrem Sohn Ben große Sorgen. Man hatte ihr gesagt, dass sich Jenna Ben gegenüber aggressiv verhielte, weil sie sich als ranghöheres Familienmitglied sah.

Anna erzählte mir, dass Ben Probleme mit dem Lernen habe, sich schwer konzentrieren könne und bisweilen recht grob mit Jenna umgegangen war. Fühlt sich ein Hund bedroht, dann gibt er der Person eine Warnung, dass sie sich von ihm fernhält. Wird diese Warnung ignoriert bzw. werden keine Gegenmaßnahmen ergriffen, dann wird das Verhalten des Hundes immer unberechenbarer. Anna hatte versucht, Ben dies klar zu machen, doch ein Kind kann die möglichen Konsequenzen seines Handelns nicht abschätzen. Kinder verstehen nicht immer, was sie nicht selbst erlebt haben, doch sollte kein Kind die Erfahrung machen, wie es sich anfühlt, von einem Hund gebissen zu werden, um den angemessenen Umgang mit ihm zu erlernen.

Annas Geschichte

In meiner Familie wurden schon immer Hunde als Haustiere gehalten und sowohl mein Großvater (er züchtete Dackel) als auch meine Mutter (sie hielt sich Setter) hatten Probleme mit der Erziehung. Aus diesem Grund war mir etwas beklommen zumute, als ich als Jugendliche meinen ersten eigenen Hund bekam.

Mein erster Hund war eine schwarze Labrador-Hündin mit wundervollem Charakter und äußerst klug, sodass sie die Grundkommandos in kürzester Zeit beherrschte: Allerdings verhielt sie sich an der Leine schrecklich und ließ sich – wenn man sie rief – reichlich Zeit. Es war auch leicht, sie zur Stubenreinheit zu erziehen. Als mein Sohn (heute siebeneinhalb Jahre alt) vier Monate alt war, zwangen mich die Umstände, ein neues Zuhause für meine Hündin zu finden.

Ben und Jenna

Jenna ist Bens Hund, er bekam sie von mir zu seinem sechsten Geburtstag. Ben hatte sich schon drei Jahre lang einen Hund gewünscht. Außerdem imitiert er seit seinem zweiten Lebensjahr das Verhalten von Hunden, indem er auf allen Vieren läuft, „bellt“, wenn es an der Tür klingelt und andere Menschen ableckt. Ich glaubte, dass ein eigener Hund ihm helfen würde, mit diesem Verhalten aufzuhören und außerdem wollte ich ihm Unabhängigkeit und Verantwortungsbewusstsein beibringen. Er hatte zuvor schon andere Kleintiere gehabt (Fische, Meerschweinchen und ein Kaninchen) und war gut mit ihnen umgegangen.

Schon einige Tage nach Jennas Ankunft wurde deutlich, dass Ben seine Hündin zwar liebte und auch gern mit ihr spielte, dennoch aber

Tina zeigt Anna einen TTouch, mit dem sie Jenna beim Entspannen helfen kann.

Kinder sind oft unberechenbar in ihren Handlungen, sodass sich der Hund bedroht fühlt.

extrem eifersüchtig auf die Aufmerksamkeit war, die man dem kleinen Welpen entgegen brachte: Sein hundeähnliches Verhalten besserte sich allerdings nicht.

Unsere ganze Familie nahm an einem Welpenkurs teil und sowohl Ben als auch ich lernten, wie man mit Jenna umgeht bzw. sie in den Griff bekommt. Sie reagierte sehr positiv auf uns beide. Doch Bens Verhalten Jenna gegenüber war – vorsichtig ausgedrückt – sehr sprunghaft: Mal fiel er ihr stürmisch um den Hals, benutzte sie als Kissen und spielte mit ihr, ein andermal schlug er sie, trat nach ihr und warf sogar (ein einziges Mal!) einen Ziegelstein auf sie. Die Lage spitzte sich zusehends zu und ich erwog, ein neues Zuhause für Jenna zu suchen.

Jenna hatte sich – seit wir sie in Urlaubspflege zu einem Freund mit Hund gegeben hatten – das Bellen angewöhnt, und zwar nicht nur, wenn es an der Tür klingelt, sondern auch wenn jemand das Gartentor öffnet oder an unserem Haus vorbei läuft. Dies tut sie Tag und Nacht und sie braucht eine ganze Weile, bis sie sich wieder beruhigt hat. Dabei ist sie sehr laut!

Die Arbeit mit Jenna

Ben und ich fuhren mit Jenna zu Sarah auf ihre Farm und ich erzählte ihr alles. Sarah beschäftigte sich mit Ben, während ihre Kollegin Tina Constance die Arbeit mit Jenna aufnahm. Tina strich mit den Händen über Jennas Körper und beobachtete sie in ihren Bewegungen. Daraus konnte sie erkennen, an welchen Stellen Jenna Spannungen aufwies und diese dann mit TTouches behandeln. Man konnte zusehen, wie sich Jennas Körper entspannte. Es war ganz erstaunlich. Dann kam Sarah mit Ben zurück und bat ihn, Jenna von mir zu übernehmen und einige einfache Anweisungen zu befolgen.

Sarah belohnte Ben mit einem Clicker, und sein Verhalten ihr gegenüber war einfach unglaublich. Er erhielt einen Penny für jeden Click. Ben hatte seinerseits einen Clicker und einige Leckerli, um Jenna zu belohnen. Bereits nach wenigen Minuten lief er mit ihr durch ein Labyrinth, ließ sie über eine kleine Schanze springen, sie auf Befehl „Sitz" machen und bei Fuß laufen. Es zeigte sich deutlich, dass er sehr wohl in der Lage war, freundlich mit ihr umzugehen und mit ihr zu arbeiten und Jenna war glücklich, mit ihm zusammen zu sein.

Ben und Jenna führten alle Bodenübungen durch. Das Training war abwechslungsreich, lustig und zeigte Erfolg!

Ben erlernte den Umgang mit einem Clicker und als er konzentrierter wurde, machte Jenna viel besser mit – was nicht überraschte. Ben trug eine Körperbandage, damit er sich in Jenna hinein versetzen konnte, die ebenfalls eine trug.

Bens Umgang mit dem Clicker war erstaunlich. Er baute in kürzester Zeit ein wundervolles Verhältnis zu seinem Hund auf.

Clicker-Training

Beim Clicker-Training verwendet man ein kleines Gerät, den sogenannten Clicker, um damit ein erwünschtes Verhalten bei Tieren zu bekräftigen. Der Trainer klickt in dem Moment, in dem das Tier die korrekte Verhaltensweise zeigt. Dann wird der Hund mit einem Leckerbissen, Spielzeug oder Streicheln – was immer er am meisten schätzt – belohnt. Er lernt sehr schnell, die Aktion zu wiederholen, die er gerade ausführte, als er den Click hörte. Sobald der Hund erkannt hat, dass auf sein korrektes Verhalten ein Click bzw. eine Belohnung folgt, wird er es zuverlässig ausführen. Ab diesem Zeitpunkt kann man dann auf Handzeichen bzw. gesprochene Kommandos übergehen. Der Hund lernt, auf den Hinweis/das Signal zu schauen bzw. zu hören, auf welches der Click und die Belohnung folgt.

Mir wurde gezeigt, wie ich Jenna mit TTouches an Hals, Gesicht, Ohren und Brust beruhigen konnte, wenn sie nervös oder übererregt war. Als wir wieder nach Hause fuhren, besaß Ben ganze 80 Pennys und ich mehrere Clicker, um das Training fortzuführen.

Jenna bellt zwar immer noch, wenn es an der Tür klingelt, aber wir arbeiten daran. Ich habe meinen Eltern die Clicker-Methode erklärt, damit sie sie bei Ben anwenden können und er reagiert bei ihnen genauso positiv wie bei mir. Jenna ist nun nicht mehr so nervös, wenn Ben bei ihr ist und Ben verhält sich freundlich ihr gegenüber. Das Beste daran ist aber, dass sich Ben mit seinem guten Verhalten Jenna gegenüber sein Taschengeld zu Hause verdienen kann, weil er für jede positive Aktion belohnt wird. Dieses Ergebnis verdanken wir Sarah und dem TTouch-Team!

Welpen

Die Arbeit mit Welpen ist eine höchst dankbare Aufgabe, weil man dabei stets vor Augen hat, den Welpen so zu formen, dass daraus ein zuverlässiger, gesunder und glücklicher Hund wird. Man hat jedoch auch eine enorm große Verantwortung und es ist wichtig, dass jeder, der sich mit der Erziehung von Junghunden befasst, mögliche Probleme frühzeitig erkennen kann. Von großer Bedeutung ist außerdem, dass der Halter den Welpen mittels positiver Bestärkung erzieht, sodass dieser von allen Familienmitgliedern eindeutige und klare Signale empfängt, das Training sowohl daheim als auch in der Welpengruppe mit Freude absolviert und den Umgang mit Kindern, Erwachsenen und anderen Tieren erlernt. Durch Bestrafung bzw. wenn man den Welpen auf den Boden gedrückt hält und/oder ihn grob behandelt, schafft man sich innerhalb weniger Wochen einen Problemhund.

Marie Miller, eine angesehene Expertin für TTouches und Mitbegründerin der britischen Association of Pet Dog Trainers (Vereinigung der Hundetrainer) sagt dazu: *„Es ist ein magischer Augenblick, wenn ein Welpe bei seiner zukünftigen Familie einzieht. Es ist jedoch eine Herausforderung, die Freude dieser ersten Begegnung durch die gesamte Jugendzeit bis hin zum Erwachsenenalter beizubehalten. Es ist eine äußerst dankbare Aufgabe, dieses magische Gefühl am Leben zu erhalten, indem man erste Anzeichen für Fehlverhaltensweisen rechtzeitig erkennt und nach sanften, effektiven Lösungsmöglichkeiten sucht. Diejenigen Menschen, die immer noch die Theorie vertreten, dass unser Verhältnis zu Haustieren auf Dominanz und Unterwerfung basieren sollte, schaden der erfolgreichen Entwicklung der Welpen. Anmaßende, gewaltsame Behandlungs- bzw. Trainingsmethoden schaffen ein unerfreuliches, ungutes Verhältnis. Daraus kann sich einerseits ängstliches, aggressives Verhalten, andererseits völlige Verschlossenheit entwickeln – je nach Welpe verschieden“.*

Der Schlüssel zu einem gesunden, glücklichen und ausgeglichenen Hund liegt in einem abwechslungsreichen Training, das allen Beteiligten Spaß macht.

Georgie hat ungleiche Ohren. Bereits im Alter von wenigen Wochen wies er Verspannungen in der rechten Halsseite auf.

Aufgrund dieser Verspannungen konnte er Berührungen im Hals- und Kopfbereich kaum ertragen.

Gewohnheitsmäßige Körperhaltungen

Marie hat außerdem noch Einiges über Welpengesundheit zu sagen: *„Welpen beginnen bereits sehr früh im Leben, gewohnheitsmäßig bestimmte Körperhaltungen anzunehmen. Dies hängt nicht nur davon ab, wie man sie trainiert bzw. behandelt, sondern hat auch mit dem jeweiligen Temperament bzw. den genetischen Merkmalen, die durch selektive Zucht entstehen, zu tun. In Wirklichkeit kommt es auch nicht darauf an, weshalb sich diese gewohnheitsmäßigen Körperhaltungen einstellen: Wir müssen uns nur darüber im Klaren sein, DASS sie – wenn man sie unbeachtet lässt – die emotionale bzw. körperliche Entwicklung eines Welpen beeinflussen. Mit den TTouches hält man sowohl für die Familie als auch den Welpen ein wertvolles und vergnügliches Werkzeug in Händen, das die Bindung festigt und beim Welpen ein Bewusstsein für den eigenen Körper und die eigenen Bewegungen weckt. Körper- und Bodenarbeit lassen sich nahtlos in positive, auf Belohnung basierende Trainingseinheiten einfügen, mit denen man eine Körperhaltung erzielt, die den Welpen beruhigt.“*

Ein gesunder Welpe ist zwar bis zu einem gewissen Grad als robust zu bezeichnen, sein noch unreifer, äußerer Rahmen ist jedoch äußerst

TTouches können eine wertvolle Hilfe sein, wenn es darum geht, einem Welpen seine Berührungsängste zu nehmen.

Der Halsbereich bei einem Welpen ist sehr empfindlich. Das Beste ist, Sie bringen schon dem Welpen bei, anständig an der Leine zu gehen.

verletzlich. Probleme können ihren Ursprung bereits im Geburtsvorgang haben. Wird z.B. der Welpe mit dem Hinterteil zuerst geboren, dann lastet beim Werfen ein zu hoher Druck auf Hüften und hinterer Körperhälfte. Das kann zu Langzeit-Problemen mit dem Rücken und der hinteren Körperhälfte führen und mit Verhaltensmustern wie Geräuschempfindlichkeit bzw. anderen Reaktionen, die mit dem Fluchtreflex in Verbindung stehen, einhergehen. Weitere Verletzungen können auftreten, wenn der Welpe z.B. aus einem hoch platzierten Körbchen oder Welpenkiste herausfällt, von jemandem getreten oder versehentlich fallen gelassen wird oder die Treppe hinunterfällt. Auch raue Spiele mit den Wurfgeschwistern oder einer extrem temperamentvolle Hundemutter können ebenfalls Probleme verursachen, die eventuell nie entdeckt werden.

Probleme

Wird ein Welpe zu früh von seiner Mutter und seinen Wurfgeschwistern weggenommen oder stirbt die Mutter bzw. nimmt sie den Welpen nicht an, dann kann sich seine Entwicklung verzögern und unerwünschte Verhaltensweisen wie exzessives Saugen und Kauen bzw. unangemessenes Spielen auftreten. Wenn Sie einen Welpen haben, der zu früh von seiner Mutter weg kam (unter acht Wochen), dann können Sie ihm mit TTouches und Maularbeit (s. S. 98) helfen.

Auch durch Halsbänder können Probleme entstehen, vor allem ganz am Anfang, wenn der Welpe lernt, an der Leine zu laufen. Der Hals eines Welpen ist empfindlich und weist nicht die Muskelstruktur eines erwachsenen Hundes auf. Wenn man den Welpen hinter sich herzieht oder -schleift, er sich überschlägt oder das Halsband als lästig empfindet, dann können Hals- und Rückenprobleme auftreten und der Welpe kann unter Umständen „halsbandscheu“ werden.

Ein Hundegeschirr ist für Welpen um einiges empfehlenswerter: Wenn man z. B. den kleinen Hund aus welchem Grund auch immer, von etwas schnell wegziehen muss oder er voller Ungestüm bis zum Leinenanschlag losrennt, dann kann man sicher sein, dass sein Halsbereich keinen Schaden nimmt.

Einem Welpen zu zeigen, dass die eingeschränkte Bewegungsfreiheit für ihn akzeptabel und angenehm ist, stellt einen wesentlichen Bestandteil des Trainings dar. Dabei lernt er gleichzeitig Geduld und Selbstbeherrschung. Dies ist jedoch nicht dasselbe wie wenn man einen Welpen mit Gewalt irgendwo festhält: Darauf kann er sich aggressiv verhalten.

Denzil

Ich traf den jungen Rottweiler Denzil während meines viertägigen Workshops in Battersea Old Windsor. Obwohl er erst zehn Wochen alt war, zeigte er bereits so extreme Verhaltensmuster, dass die Tierheimleiterin Ann O'Brien sich große Sorgen um ihn machte und sogar erwog, ihn einschläfern zu lassen, falls er auf die Erziehung nicht ansprach.

Denzil war ständig gestresst und hatte Verspannungen im Bereich der Ohren und des Kopfes. Er biss in Beine, Hosen, Hände und Arme. Wenn man ihn hochnehmen wollte, schnappte er nach dem Gesicht. Hatte er einen Gegenstand erbeutet, dann knurrte und bedrohte er jeden, der versuchte, ihm diesen wegzunehmen. Ich hatte zwar schon mit Erfolg mit Welpen wie Denzil gearbeitet, befürchtete jedoch, dass er bereits so übertriebene Verhaltensweisen aufwies, dass ich ihm womöglich nicht genug helfen konnte, um ihn sicher in ein neues Zuhause zu vermitteln.

Die Arbeit mit Denzil

Bei der Arbeit mit Welpen wie Denzil, ist es sehr wichtig, ihnen beizubringen, dass eine eingeschränkte Bewegungsfreiheit keinen Stress bedeutet. Wenn ich mich auf den Boden setzte und Denzil zwischen meinen Knien platzierte, konnte ich ihn sanft um den Brustkorb stützen. Da sein Kopf von mir abgewandt war, bestand kein Risiko, dass er mir ins Gesicht springen würde. Als er sich krümmte, um mich in Hände und Arme zu beißen, ließ ich sie ganz locker und versuchte nicht, ihn aufzuhalten, im Gegenteil: Ich ging mit seinen Bewegungen mit. Wenn ich Denzil auf diese Art stützte, konnte ich gleichzeitig auf seine Hals- und Kopfposition einwirken, ohne dass er durch den Kontakt mit mir gleich in Panik verfiel. Mit meinen Handflächen konnte ich die Haut an seinen Schultern bewegen und auf seinem Brustkorb mit den Fingern die Wolken-Leopard TTouches anwenden. Wichtig ist, dass ein Welpe viel Zeit im Freien verbringt und die Sitzungen kurz gehalten werden: Ich arbeitete also nur wenige Minuten mit ihm und ließ ihn danach den Raum inspizieren.

Obwohl sich sein Verhalten bereits während der ersten Sitzung besserte, blieb sein Blick hart und er hatte bisweilen einen Wutanfall, bei dem er sich herumwarf, knurrte und nach mir schnappte. Ich musste genau ausbalancieren, wie viel Körper- bzw. Bodenarbeit notwendig war, um Denzils Erwartungen an den Kontakt mit Menschen zu ändern, ihm aber gleichzeitig genügend Zeit geben, um sich von allen Reizen wieder zu erholen.

Am zweiten Tag des Workshops bemerkte ich etwas, was mich beunruhigte. Als Denzil den Raum betrat, schien es, als ob er

Tierheim-Tragik

Viele Hunde befinden sich in der gleichen Lage wie Denzil und ich denke, es ist tragisch, wenn man schon Welpen einschläfern lassen muss – aber die Mitarbeiter im Battersea Tierheim sehen die Dinge realistisch. Die Tierheime haben ganz einfach nicht genug Zeit, um sich mit der Lösung so schwieriger Probleme zu befassen – deren Ursache oft bei den früheren Besitzern zu suchen ist – und gleichzeitig gegen den zusätzlichen Stress anzukämpfen, den das Leben im Tierheim für manche Hunde mit sich bringt.
Beim Abwägen der Optionen muss das Tierheim auf die Rasse achten, auf die Wahrscheinlichkeit, ein geeignetes Zuhause zu finden, auf die Art der Probleme, die der Hund hat und auf die Verfügbarkeit von Quellen, die dem einzelnen Hund genau das geben können, was er für eine erfolgreiche Vermittlung braucht. Außerdem muss das Tierheim den Stress-Level berücksichtigen, dem der Hund im Zwinger ausgesetzt ist und der zu einer extremen Verhaltensweise beitragen kann. Zahlreiche Hunde müssen eingeschläfert werden, weil sie mit dem Zwingerleben nicht zurechtkommen. Sie mit einer geringen Aussicht auf Vermittlung am Leben zu erhalten wäre grausam und man kann ein Tierheim für das Treffen so schwieriger Entscheidungen nicht verurteilen.

niemanden erkannte, den er am ersten Tag bereits kennengelernt hatte. Ich hatte am ersten Tag sehr viel Zeit auf die Arbeit mit ihm verwendet, doch er erkannte mich offensichtlich nicht mehr. Es gab Augenblicke, in denen er die Körper- und Bodenübungen zu verarbeiten schien, dann jedoch wirkte er wieder, als ob er den Faden verloren hätte.

Fortschritte

Ich machte Denzil mit dem Clicker vertraut und begann, mit einer unechten Hand zu arbeiten (siehe Kasten rechts), damit er lernte, Spielzeug und andere Gegenstände loszulassen. Die Arbeit mit der unechten Hand kann von großem Nutzen sein und bewirkte einen großen Durchbruch bei Denzil. Er hatte bei unserer Arbeit draußen einen Ball „erbeutet" und knurrte und bedrohte nun jeden, der ihm diesen wegnehmen wollte. Natürlich reagierte er auf die unechte Hand in gleicher Weise, wobei er den Ball nicht aus den Augen ließ. Hätte ich ihn mit meiner eigenen Hand berührt, dann wäre ich versucht gewesen, aufzuhören.

Handattrappen

Unechte Hände oder Handattrappen sind aus Kunststoff geformt und an einem starren Stab befestigt, der von einem ausgestopften Hemdärmel umgeben ist. Sie sind unverzichtbar bei der Arbeit mit handscheuen Hunden bzw. Beißern. Man benutzt sie, um den Hund auf sichere, kontrollierte Art mit der menschlichen Hand vertraut zu machen und ihn auf seine spätere Vermittlung vorzubereiten.
Bei Verwendung einer Handattrappe ist es wichtig, dass die unechte Hand zu einem Teil von Ihnen wird. Sie soll eine Verlängerung Ihres Arms darstellen. Die Bewegungen sollen fließend und ruhig sein. Wenn Sie den Hund damit anstupsen bzw. unregelmäßige und ruckartige Bewegungen ausführen, dann kann dies Stressreaktionen zur Folge haben und die Situation noch verschlimmern.

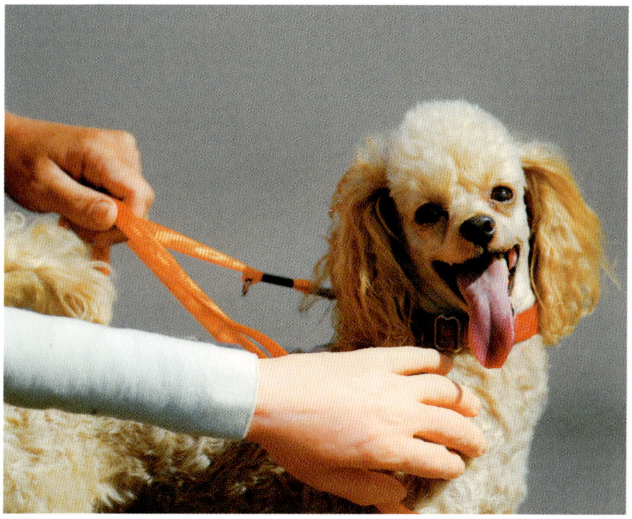

Eine Attrappe ist eine sichere Methode, um einen nervösen Hund an Handkontakt zu gewöhnen.

Es ist wichtig, dass man sich stets vor Augen führt, dass jedes Verhalten nur für uns Menschen inakzeptabel oder unangemessen erscheint. Bestrafung führt daher nur dazu, dass der Hund frustriert, verwirrt oder verängstigt wird. Als ich ihn weiterhin mit der unechten Hand an Schnauze und Kopf streichelte, wurde sein Knurren allmählich leiser und sein Blick sanfter. Als er schließlich den Ball fallen ließ, wurde er sofort mit einem Click und einem Leckerli belohnt. Am Ende des Tages konnten wir ihn überall anfassen und ich konnte ihn widerstandslos vom Boden hochheben. Mit erstaunlicher Schnelligkeit hatte er gelernt, einen Gegenstand loszulassen und die Idee mit dem Clicker verstanden. Ich staunte über die Intelligenz dieses kleinen Welpen und war gar nicht glücklich darüber, ihn schon „entlassen" zu können.

Denzil kommt in Pflege

Für das Tierheimpersonal und mich selbst war es jedoch nicht genug, mit Denzil umgehen zu können. Er musste auch auf andere Menschen in gleicher Weise reagieren, wenn er ein neues Zuhause finden sollte. Also fragte ich Ann, ob ich den Welpen zur Pflege auf die Tilley Farm bringen konnte. Ann wusste, dass ich realistisch dachte, wollte aber jede Möglichkeit ausschöpfen.

Als ich eine Woche später wieder nach Battersea fuhr, um Denzil abzuholen, begrüßte er mich zu meiner großen Überraschung äußerst freudig. Er verhielt sich tadellos, als ich ihn anleinte und war ruhig und entspannt, als ich ihn zu meinem Auto trug.

In den folgenden Wochen nahm Denzil an einem zweitägigen Workshop teil, den ich auf meiner Farm abhielt und verbrachte eine Woche lang in der Ausbildungsklinik für Heilpraktiker. Er arbeitete zusammen mit der wundervollen Marie Miller, die von seiner unglaublichen Intelligenz stark beeindruckt war – genau wie Maria Johnston, eine weitere Expertin für TTouches. Maria hatte ihre Hündin Inka mit auf der Farm, mit der Denzil jeden Abend in der Trainingshalle ohne Leine spielen durfte. Inka brachte Denzil wertvolle Dinge bei, z.B. wie er sich anderen Hunden gegenüber zu verhalten hatte. Sie war schnell, verspielt, freundlich, aber bestimmt und wenn Denzil über die Stränge schlug, nach ihr schnappte und sie besteigen wollte, dann gab sie ihm zu verstehen, dass sein Verhalten inakzeptabel war.

Nick Thompson, ein guter Freund von mir und ein fantastischer, ganzheitlich orientierter Tierarzt, behandelte den Welpen homöopathisch, um seine Verhaltensschwankungen in den Griff zu bekommen. Denzil lernte, mit Pferden zusammen zu sein und sozialisierte sich mit zahlreichen Hunden und Menschen. Er konnte vermittelt werden und lebt jetzt in einer Familie mit zwei weiteren Hunden. Er bekommt viel Auslauf und schwimmt regelmäßig im Fluss. Ich besuche ihn oft und er entwickelt sich zu einem glücklichen, freundlichen und aufgeschlossenen Hund.

Denzil hat sein perfektes Zuhause gefunden und ist jetzt gut sozialisiert, glücklich und rundum zufrieden.

Ältere Hunde

Steifheit in den Gelenken, verringerte Beweglichkeit, schlechtes Gehör, Störungen des Gleichgewichts bzw. der Propriozeption – dies sind nur einige Folgeerscheinungen des Alters. Ein Hund kann mit zunehmendem Alter auch unter Gedächtnisverlust, Ängstlichkeit und Verwirrung leiden, sodass Körper- und Bodenarbeit wertvolle Werkzeuge sind, um die Alterserscheinungen an Körper und Geist zu minimieren.

Auch eine Ernährungsumstellung kann unter Umständen erforderlich sein und ein ganzheitlich orientierter Tierarzt kann helfen, Ihrem alternden Gefährten die Lebensqualität bis zum Ende zu erhalten.

Ältere Hunde leiden oft an eingeschränkter Beweglichkeit – Shannie ist im hinteren Bereich des Rückens bzw. Körpers steif.

Mit TTouches können Sie dem Hund helfen, sich wohler zu fühlen.

Shannie spürt schon die Wirkung der TTouch-Behandlung.

Mit ein paar einfachen Akupressurpunkten oder TTouches können Sie weiterhin die Gesundheit und das Wohlbefinden Ihres Hundes unterstützen. Selbst wenn ihr treuester Freund schon längst nicht mehr seinen Dienst erfüllen, auf Ausstellungen gehen oder auf langen Spaziergängen mithalten kann, schenken täglich wenige Minuten Körperarbeit Ihnen beiden wertvolle Augenblicke der Zweisamkeit, die Ihrem Hund das Gefühl vermitteln, dass er nach wie vor gebraucht und geliebt wird und für Sie einzigartig war, ist und bleibt.

Wenn für ihn die Zeit gekommen ist, dann können TTouches den Abschied erleichtern. Wenn Sie sich in der letzten Stunde – oder während Sie auf die Ankunft des Tierarztes warten – mit Ihrem Hund auf diese Art verbinden, kann dies eine tiefgreifende und überwältigende Erfahrung sein. Sie können ihm etwas Positives geben und allen Beteiligten ein wenig Frieden und Trost spenden.

Squidgy ist 19 Jahre alt und erhält von ihrem Besitzer Adam täglich eine TTouch-Behandlung.

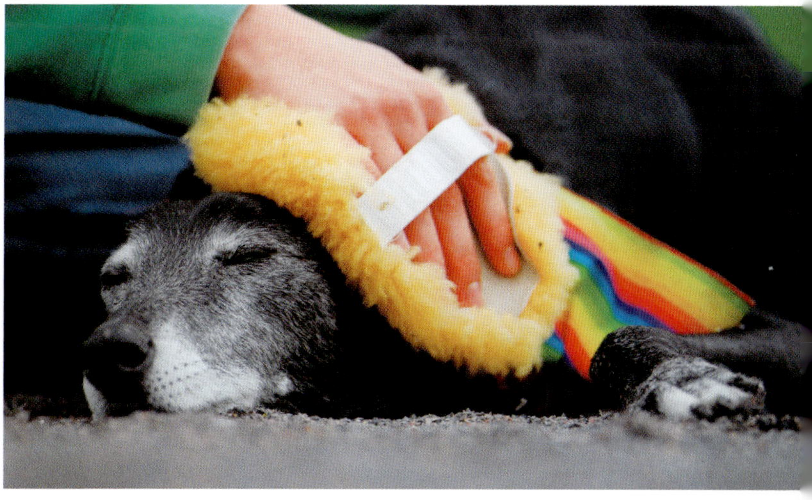

Lucy

Im Sommer 1995 wurde uns eine schon ältere Setter-Hündin gebracht. Man hatte sie hilflos im nahe gelegenen Fluss umherschwimmend aufgegriffen und niemand hatte sie als vermisst gemeldet. Wir hatten bereits einen Hund und nie daran gedacht einen zweiten zu uns zu nehmen, doch als ich sah, wie diese elegante, rothaarige „Lady“ unsere Einfahrt entlang stolzierte, war klar, dass sie eine neue Heimat gefunden hatte.

Wir nannten sie Lucy und trotz ihres bereits fortgeschrittenen Alters von etwa 14 Jahren gewöhnte sie sich – dank TTouch – sehr schnell bei uns ein. Die TTouches halfen, sie zu beruhigen, als sie in den ersten Tagen bekümmert umherwanderte, und ihr die Angst vor ihrem neuen Zuhause zu nehmen.

Leben mit Lucy

Ich erinnere mich noch sehr genau an ihren ersten Tag in unserem Haus. Ich saß auf einem Stuhl, beobachtete sie beim Schlafen und lächelte über das orang-utanähnliche Wesen, das da zu meinen Füßen döste und das vom Schicksal hierher getragen worden war. Noch während ich sie beobachtete, bewegte sie sich, stand steif auf und grub ihr altes, ergrautes Gesicht in meine Hände auf dem Schoß. Ich streichelte ihr sanft die Ohren und spürte ihre unmissverständliche Energie – die seidige Weichheit ihres kastanienbraunen Fells, ihre Augen, ihre Schnauze.

Jedes Tier, das mich bisher durchs Leben begleitet hat, lehrte mich bestimmte Dinge. Lucys Gegenwart in einigen sehr schwierigen Zeiten erinnerte mich stets daran, dass nur Sanftmut auf den Weg des Friedens führt, problembeladenen Seelen Kraft spendet und dem Herzen Mut schenkt. Trotz aller Beschwernisse in ihrem Leben konnte sich Lucy stets ihre würdevolle Friedfertigkeit und ihren erfreulichen Sinn für Humor bewahren.

Eine Entscheidung

Ich hatte ja von Vornherein gewusst, dass sie unser Leben nicht länger als zwei Jahre lang bereichern würde und dachte, ich wäre darauf vorbereitet – doch für den endgültigen Abschied ist man nie bereit. Ende des Sommers 1997 begann Lucys körperlicher Verfall. Zwar halfen die sanften TTouch-Berührungen ihrem leidenden Körper nach wie vor, doch an einem herrlichen Herbsttag Mitte September gab sie mir zu verstehen, dass sie nicht mehr wollte. In ihrem Körper hatten sich Giftstoffe angesammelt, die zu plötzlichen Anfällen führten und wie ich sie so ziellos im Garten herumtrotten und blindlings über Christy stolpern sah, die an einem Knochen nagte, da wusste ich, dass die Zeit des Abschiednehmens gekommen war. Ich legte Lucy ein halbes Körperband an, um sie im Gleichgewicht zu halten und rief den Tierarzt an.

Eine weitere Entscheidung

Schließlich – und viel zu früh – kam der Tierarzt. Lucy ging sogleich auf ihn zu um ihn zu begrüßen und wirkte dabei seltsam konzentriert und wach. Sie drehte sich nach Christy um, rannte über den Rasen und schnappte sich den Knochen. Dann trabte sie mit hoch erhobenem Kopf ins Haus zurück und stand schwanzwedelnd im Flur. Der Tierarzt dachte, dies würde alles nur noch schwerer für mich machen, doch das Gegenteil war der Fall. Es gönnte mir eine vorübergehende Atempause von meiner Traurigkeit – und ruft auch heute noch ein Lächeln hervor.

Als ich so neben ihr stand, legte mir Lucy den Knochen vor die Füße und ging mit leerem Blick zum letzten Mal in den Garten hinaus. Wir folgten ihr und als sich der Tierarzt auf eine Bank setzte, kam sie zu ihm und gab ihm ihre Pfote. Ich hielt sie fest in meinen Armen, strich mit den Händen über ihren Körper und sagte ihr, dass ich sie liebte. Ich konnte ihren Herzschlag an meinem Arm spüren, streichelte ihre Ohren, um sie zu beruhigen und führte den Wolken-Leopard TTouch an ihrem Hals und ihrer Schulter durch, damit sie sich entspannte. Sie zuckte nicht einmal, als die Spritze unter ihre faltige Haut glitt. Und als ich spürte, wie das Leben aus ihr wich, fielen meine Tränen auf die edle Wölbung ihres alten, über alles geliebten Kopfes.

Abschied

Es gibt nichts Schlimmeres, als hilflos zusehen zu müssen, wie ein geliebtes Haustier stirbt. Mit den TTouches können Sie ihrem Tier helfen und auf ganz besondere, einzigartige Weise von ihm Abschied nehmen. In einem einzigen Augenblick können Sie die Liebe eines ganzen Lebens durch Ihre Hände fließen lassen.

TTouches in der Tierarztpraxis

TTouches finden vielseitige Verwendungsmöglichkeiten in einer Tierarztpraxis und sowohl Tierarzt als auch Tierarzthelferinnen profitieren von ihrer Anwendung.

Ohrenarbeit
Abgesehen davon, dass man mit Ohrenarbeit (S. 103) einen Schockzustand verhindern bzw. erleichtern kann, lassen sich damit gestresste oder ängstliche Hunde vor, während und nach einer tierärztlichen Untersuchung beruhigen. Es ist außerdem äußerst hilfreich, wenn ein Hund aus einer Sedierung wieder zu sich kommt. Man kann damit einen frierenden Hund aufwärmen und ist für den Besitzer sehr leicht erlernbar, sodass er seinem Hund in der letzten Stunde beistehen kann.

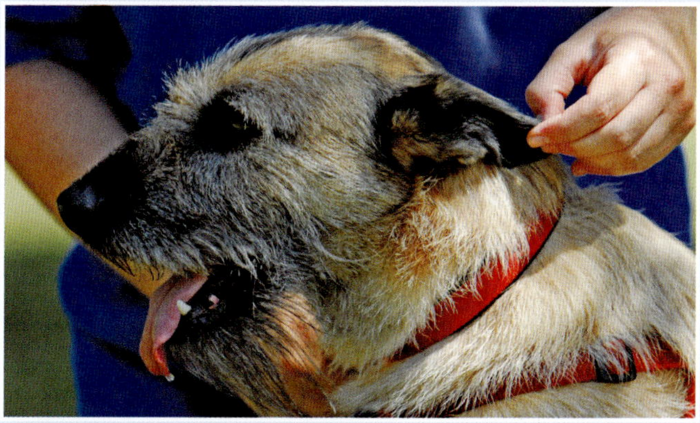

An der Ohrenspitze befindet sich der „Schockpunkt" – kreisförmige TTouches mit dem Daumen wirken sehr entspannend und können einen nervösen Hund beruhigen.

Maularbeit
Die Anwendung des Maul-TTouch (S. 98) ist sehr nützlich, um Hunde zu behandeln, die nur widerwillig fressen. Ich kenne genügend Beispiele von Tierarzthelferinnen, die nicht schlecht staunten, wenn sich ihre Schutzbefohlenen nach wenigen Minuten Maularbeit plötzlich auf ihren Futternapf stürzten. Sie hilft auch bei nervösen, „lautstarken" Hunden.

Wolken-Leopard
Einige dieser TTouches (S. 96) an Schulter und Genick beruhigen den Hund, wenn er eine Spritze oder einen Mikrochip bekommt. Auch als „Wiedergutmachung" nach einem solchen Ereignis können sie angewendet werden. Führt man sie am Schwanzansatz und an der hinteren Körperhälfte durch, dann bereiten sie den Hund aufs Temperaturmessen vor.

Balanceleine
Auch die TTouch-Führtechniken sind für Tierärzte oft sehr nützlich. Dieses simple Führtraining (s. S. 82–89) kann angewendet werden, wenn der Hund nach einem Klinikaufenthalt seinen Besitzer wiedertrifft oder beim Verlassen des Sprechzimmers. Diese Technik hält den Hund im Gleichgewicht und verringert die Anspannung im Nacken, wenn er überstürzt die Praxis verlassen will.

Handtuch oder Schlinge
Mit dieser Methode bekommt man einen zögerlichen bzw. sich sträubenden Hund auf stressfreie Art in eine Transportbox bzw. das Wartezimmer, ohne ihn hinter sich herzerren zu müssen.

Mit Hilfe eines Handtuchs bzw. einer Schlinge lässt sich ein Hund willig in eine Transportbox oder das Sprechzimmer führen.

Halbes Körperband
Vor dem Besuch beim Tierarzt kann man dem Hund ein halbes Körperband (S. 93) oder ein T-Shirt anlegen, damit er sich sicherer fühlt. Es hilft ihm auch, weniger Angst vor dem Krallenschneiden oder Temperaturmessen zu haben. Für eine tierärztliche Untersuchung ist das Körperband besser geeignet, weil es Untersuchungen noch erlaubt.

Bei nervösen oder aufgebrachten Hunden empfiehlt sich das Anlegen eines T-Shirts.

Kopfhalfter
Ein Kopfhalfter (S. 100) ist ein Hilfsmittel für alle „lautstarken" Hunde, die das Trommelfell jeder Tierarzthelferin zum Platzen bringen! Es trägt außerdem zur Entspannung des Hundes bei.

Haltung, Verhalten und Spannungsmuster

Wenn man versteht, in welchem Zusammenhang die Körperhaltung zum Verhalten eines Tieres steht und dieses auch direkt beeinflusst, dann weiß man wie und weshalb ein Hund in bestimmten Situationen reagiert. Diese Informationen können auch hilfreich sein, wenn man mit Tierheimhunden arbeitet oder sich einen Hund aus einem Tierheim aussuchen will, dessen Vorleben nur ungenau bzw. überhaupt nicht bekannt ist. Sie können Ihre Beobachtungen dafür verwenden, um mehr über einen Pflegehund herauszufinden oder um besser beurteilen zu können, ob sich ein Hund für Ihren Lebensstil eignet. Selbst wenn Sie sich einen Welpen aussuchen, kann Ihnen der Zusammenhang zwischen Körperhaltung und Verhalten einige Hinweise über die weitere Entwicklung liefern, da viele Wesens- und Verhaltensmerkmale schon früh vorhanden sind.

George weist bereits Verspannungen im Nacken und in der hinteren Körperhälfte auf, sodass er in Stress gerät, wenn man ihn anfasst bzw. seine Bewegungsfreiheit einschränkt.

Was sind Spannungsmuster?

Unter Spannungsmustern versteht man Verspannungen, die in bestimmten Körperbereichen auftreten. Sie können ganz offensichtlich zu Tage treten und die natürlichen Bewegungen mehr oder weniger stark einschränken, oder sehr subtil vorliegen, sodass sie nicht leicht zu entdecken sind. Auf alle Fälle beeinflussen sie die Art und Weise, wie das Tier auf emotionaler, mentaler und körperlicher Ebene funktioniert. Bei Hunden haben sie nicht nur Einfluss darauf, wie das Tier denkt, fühlt und lernt, sondern können auch seine Lernfähigkeit bzw. Anpassungsfähigkeit an neue Situationen behindern.

Wenn Sie verstehen, wie Spannungsmuster das Bewusstsein eines Hundes beeinflussen, dann können Sie zahlreiche Verhaltensprobleme verhindern bzw. aus der Welt schaffen und den Umgang mit Ihrem Hund auf seine individuellen Bedürfnisse zuschneiden. Wo immer die Ursache dieser Spannungsmuster zu suchen ist, Sie können Ihrem Hund auf alle

Dieser Jack Russell ist in der hinteren Körperhälfte verspannt und hat eine starre Rute.

Dieses Spannungsmuster tritt oft bei Hunden auf, die hochspringen, immer auf dem Sprung sind …

… und sehr empfindlich auf Berührungen ihrer hinteren Körperhälfte reagieren.

Fälle – mittels Ihrer Kenntnisse sowie den Körper- und Bodenübungen – zu einem ausgeglicheneren Allgemeinzustand verhelfen.

Wodurch entstehen Spannungsmuster?

Spannungsmuster entstehen durch:

Verletzungen – Schmerzen können sowohl die Toleranzschwelle eines Hundes herabsetzen als auch seine normale Körperhaltung und Bewegungen verändern. Schmerzen und Lahmheit werden bei Katzen und Hunden oft übersehen. Ein Großteil der Tiere mit defensiven Verhaltensweisen, mit denen ich arbeitete, zeigten beständige Sensibilitätsprobleme, Unregelmäßigkeiten beim Gehen und/oder Verspannungen aufgrund medizinischer Probleme, Unbeweglichkeit in einem oder mehreren Teilen des Skeletts oder eine ungleichmäßige Entwicklung der Weichteile. Selbst nachdem die Verletzung abgeheilt ist, bewegen sich manche Hunde immer noch so, als ob das ursprüngliche Problem noch bestünde. Der Hund muss unter Umständen wieder lernen, wie er sich richtig bewegen muss – seine Muskeln haben sich ungleichmäßig entwickelt, um diese Schonhaltung aufrechtzuerhalten.

Bei Hunden entstehen Verletzungen nicht nur durch ein offensichtliches Trauma, sondern auch im alltäglichen Leben. Bei groben Spielen – selbst mit gleich großen, gleich schweren und gleich alten Hunden – kann es zu Nacken- und Rückenproblemen kommen, die anfangs noch unentdeckt bleiben. Wird der Hund am Halsband gezerrt oder mit Leinenrucken erzogen, können ebenfalls Nacken und Rücken in Mitleidenschaft gezogen werden und Schwierigkeiten beim Tragen des Halsbandes, bei der Fellpflege und beim Hochheben der Gliedmaßen auftreten. Daraus kann sich aggressives Verhalten gegenüber Menschen und Artgenossen entwickeln. Probleme, die nicht gleich bemerkt werden, können ebenfalls entstehen, wenn der Hund ungeschickt ins oder aus dem Auto springt bzw. ein Spielzeug in der Luft fängt.

Medizinische Probleme – Hormonelle Veränderungen, Störungen der Schilddrüsenfunktion, Arthrose, Hüftgelenksdysplasie, Reaktionen auf Arzneimittel, schwacher Körperbau, Veränderungen an den Knochen und andere medizinische Probleme können ebenfalls die Ursache für unerwünschte Verhaltensweisen sein. Der Hund muss tierärztlich versorgt werden und man sollte wissen, welche unerwünschten Verhaltensweisen auf sein medizinisches Problem zurückzuführen sind – nur so können sie behandelt werden. Plötzliche Verhaltensänderungen können auf ein medizinisches Problem hindeuten; so kann z.B. eine plötzliche auftretenden Geräuschempfindlichkeit im Zusammenhang mit einer beginnenden Arthrose stehen. Sobald Sie eine Veränderung in den Reaktionen Ihres Hundes auf bestimmte Reize feststellen, dann sollten Sie ihn einer gründlichen tierärztlichen Untersuchung unterziehen.

Trauma – Ein Schockzustand als Folge eines Unfalls bzw. emotionalen Umbruchs wie beispielsweise Eingesperrtsein in einen Zwinger oder Änderung der Lebensumstände, kann zu Verspannungen im gesamten Körper führen. Wie beim Menschen kann selbst geringer Stress körperliche Veränderungen hervorrufen und den Hund in seinem alltäglichen Leben beeinflussen.

Kahle Stellen und ein dürftiges Fell können mit Stress und schlechter Ernährung in Zusammenhang stehen.

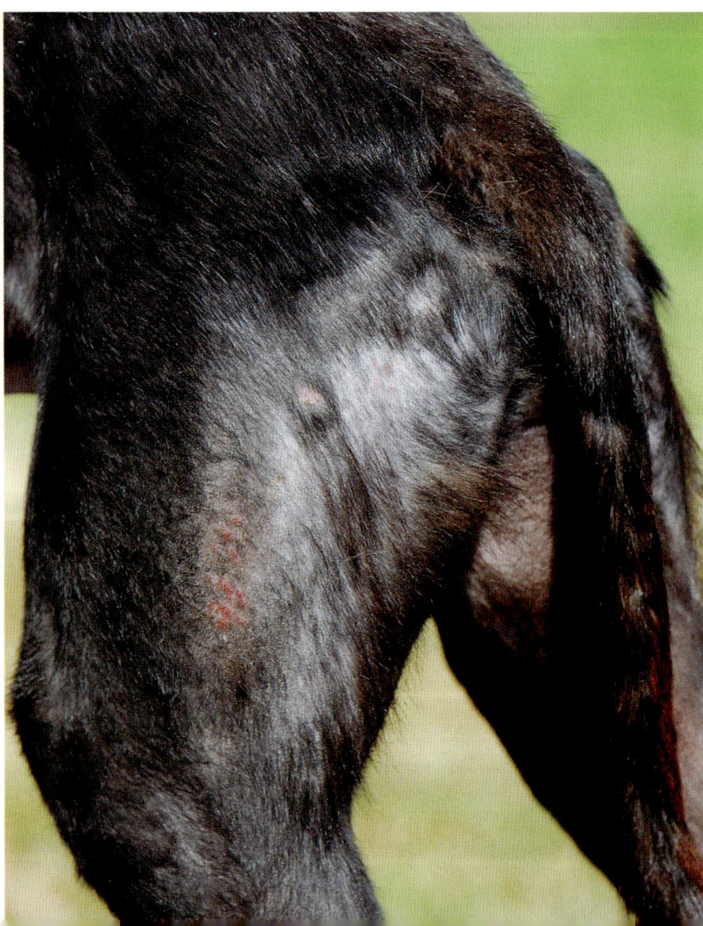

Mit sanften TTouches kann man einen Hund beruhigen und ihm zeigen, dass Körperkontakt Freude bereiten kann.

Haltung und Ernährung – Mangelnde Bewegung und/oder Aktivitäten, übermäßige Stimulation, widersprüchliche Botschaften von unterschiedlichen Familienmitgliedern, eine nicht artgerechte Umgebung oder unangemessene Erziehungsmethoden – dies alles kann bei einem Hund zu Stress führen.

Auch schlechte Ernährung und Futterallergien können sich auf den Körper auswirken und Verspannungen im Nacken, Rücken, Magen und in der hinteren Körperhälfte aufbauen. Es ist daher sehr empfehlenswert, einen Tierarzt zu Rate zu ziehen, der auf Ernährungsfragen spezialisiert ist und der für den Hund eine geeignete Diät und Nahrungsergänzungsmittel für ein langes, gesundes Hundeleben zusammenstellen kann.

Hier ein Beispiel: Der Border Collie Glen reagierte extrem empfindlich auf jeden Körperkontakt, der nicht von seinem Besitzer ausging. Seine

Bewegungen waren kurz und abgehackt und sein Fell war rau und wies Wirbel auf. Ich schlug der Besitzerin Lorraine vor, sich mit Nick Thompson (S. 6) von Higher Nature – ein wundervolles Unternehmen, das hochwertige Nahrungsergänzungsmittel für Hunde verkauft – in Verbindung zu setzen, da Glens Verhaltensweise auf einen Nährstoffmangel hindeutete. Eine Woche später erhielt ich die folgende E-Mail:
Liebe Sarah, ich habe Glen verschiedene Nahrungsergänzungsmittel verabreicht: MSM (Methylsulfonylmethan), Lebertran und Glukosamine und seine Ernährung auf frisch zubereitetes Futter bestehend aus Huhn, Reis, Gemüse, Fisch usw. umgestellt. Was für ein Unterschied in nur einer Woche! Sein Fell ist jetzt weich, ohne Wirbel und glänzt. Und er hat bis jetzt keine Stimmungsschwankungen mehr.

Vielen Dank für deine Hilfe, ich werde dich über seine Fortschritte auf dem Laufenden halten. Vielleicht lässt er sich nächstes Mal schon von dir anfassen, in seinem tiefsten Innern würde er es gern zulassen. Lorraine
Eine Weile später schrieb sie:
Hier noch schnell ein „Update" bezüglich Glen. Er macht weiterhin Fortschritte und hat mich neulich wirklich überrascht, als er sich von einem Freund von mir streicheln ließ – was vor einiger Zeit noch vollkommen undenkbar gewesen wäre. Lorraine

Angeboren – Es gibt Hunde, die von Geburt an Spannungen aufweisen. Welpen mit starken Verspannungen im gesamten oder in Teilen des Körpers sind meist lautstarker und anspruchsvoller – und das bereits im Alter von wenigen Tagen. Wenn diese Spannungsmuster nicht behoben werden, dann hat man mit zunehmendem Alter des Welpen ein Problem. Durch Beobachtung Ihres Welpen und die Anwendung sanfter TTouches, können Sie die Körperbereiche ausfindig machen, die eine Reaktion auslösen. Danach können Sie die geeigneten Schritte unternehmen, die Ihrem Welpen dabei helfen, zu einem glücklichen, selbstbewussten und gesunden Hund heran zu wachsen.

Auch der Körperbau kann Aufschluss darüber geben, wie sich ein Hund höchstwahrscheinlich verhalten wird. Ein Hund, der im Nacken, Rücken, Schwanz und in der hinteren Körperhälfte steif ist, neigt zu mehr Verspannungen im gesamten Körper und kann sich daher unter Umständen aggressiver bzw. unsicherer verhalten als ein Hund, der eine entspanntere Oberlinie aufweist. Ein „kleinrahmiger" Hund zeigt eventuell andere Reaktionen als ein grobknochiger – obwohl dies nicht immer der Fall sein muss. Hunde mit einem feinen, kleinen Rahmen neigen eher dazu, vor angst einflößenden Dingen zu scheuen, während Hunde mit breiterem Kopf und schwereren Knochen sich aggressiv und ungestüm verhalten.

Raue Spiele – selbst wenn beide Hunde gleich groß und gleich schwer sind – können Verletzungen der Weichteile nach sich ziehen.

Hunde beobachten

Es gibt drei Wege der Beobachtung: hinsehen, hinhören und erfühlen. Wenn Sie an diese Methode, einen Hund genau zu studieren, nicht gewöhnt sind, dann achten Sie zu Beginn ganz einfach auf Kopf- und Rutenhaltung. Lassen Sie sich nicht gleich entmutigen, wenn Ihnen dies nicht auf Anhieb gelingt.
Es ist wie immer, wenn man eine neue Fertigkeit erlernen will: Beobachten erfordert Übung und manche Menschen haben von Natur aus einen schärferen Blick als andere. Genau wie das Gesamtbild beim Erlernen einer neuen Sprache erst durch Zusammenfügen der einzelnen Teile entsteht. Machen Sie sich täglich oder wöchentlich Notizen, seien Sie offen für alles und vor allem: Bleiben Sie positiv eingestellt. Es geht in keiner Weise darum, den Hund kritisch zu beurteilen, sondern Sie betrachten ihn auf einer ganz neuen Ebene. Und irgendwann erkennen Sie schnell schon die kleinsten Veränderungen an Ihrem Hund.

Hinsehen – Beobachtung der Körperhaltung

Die Körperhaltung steht in vielerlei Hinsicht mit dem Verhalten und Charakter eines Hundes in Verbindung. Mit etwas Erfahrung kann man aus der Art und Weise, wie sich ein Hund bewegt, wie er steht, sitzt und liegt ausreichend Informationen erhalten, um sich ein Gesamtbild machen zu können und zu verstehen, wie er in unterschiedlichen Situationen reagiert. Gewöhnen Sie sich an, eine gewisse Zeit mit der Beobachtung Ihres Hundes zu verbringen. Denken Sie daran, dass Sie ihn bloß beobachten und dass es keinen völlig symmetrischen Hund gibt. Jeder Hund – wie auch jeder Mensch – hat eine ungleichmäßige Körperhaltung bzw. eine stärkere und schwächere Seite.

Starren Sie Ihren Hund nicht einfach an, sondern verwenden Sie peripheres Sehen, d.h. beobachten Sie den Hund eine Zeit lang und blinzeln Sie dann mit den Augen bzw. schauen Sie weg. Auf diese Weise sehen Sie oft mehr. Wenn möglich, nehmen Sie die Bewegungen Ihres Hundes mit der Videokamera auf, spulen den Film zurück und spielen ihn in Zeitlupe und in normaler Geschwindigkeit ab.

Achten Sie darauf, ob Ihr Hund gerade steht oder ein Bein zur Seite abspreizt.

Diese Deutsche Schäferhündin hat sehr schwache Hinterläufe. Achten Sie auf die aufgestellten Haare an Nacken und Schulter.

Schauen Sie sich Ihren Hund im Sitzen an. Molly sitzt auf ihrer linken Hüfte.

Führen Sie Ihre Beobachtungen anfangs in einer neutralen Umgebung, wie z.B. Haus und Garten, durch. Achten Sie darauf, ob sich bei Ihrem Hund irgendwelche Veränderungen feststellen lassen, wenn er draußen ist, die Tierarztpraxis oder den Hundesalon betritt, Geräuschen ausgesetzt ist, im Auto mit fährt usw.

Achten Sie auf seine Körpersprache und Bewegungen, wenn er Menschen bzw. Hunde begrüßt, die er kennt und was sich daran ändert, wenn er Hunde oder Menschen trifft, die er nicht kennt.

Beobachten Sie genau, ob er sich in Gegenwart junger Hunde anders verhält als bei älteren. Gut sozialisierte, selbstbewusste Hunde ändern oft die Art, wie sie mit den verschiedenen Rassen und Altersgruppen umgehen.

Sitzen bzw. liegen

Beobachten Sie Ihren Hund eine Zeit lang in der Nähe des Hauses, seines Zwingers oder seiner Transportbox. Sitzt er immer auf derselben Hüfte? Sind seine Hinterläufe im Sitzen nach vorne gerichtet oder streckt er sie seitlich nach außen? Kann er überhaupt sitzen? Legt er sich stets auf die gleiche Seite? Kann er mühelos und ohne sichtliche Anstrengung aufstehen oder muss er kämpfen, um auf die Füße zu kommen?

Rute

Schauen Sie sich seine Rute an. Wedelt Ihr Hund schnell oder langsam? Wedelt er ständig oder nur zu bestimmten Gelegenheiten? Ist seine Rute vom Ansatz bis zur Spitze beweglich oder sind Teile davon starr und unbeweglich? Sehen Sie sich die Schwanzhaltung genauer an. Lässt Ihr Hund die Rute hängen oder hält er sie straff nach oben? Trägt er seine Rute gerade wie eine Fahnenstange oder klemmt er sie zwischen seine Hinterläufe? Bewegt sich seine Rute beim Wedeln eher nach rechts oder links oder gleichmäßig in beide Richtungen? Ändert sich die Schwanzhaltung, wenn sich der Hund bewegt? Bewegt sich die Rute dann eher kreisförmig wie ein Rotorblatt oder mehr zu einer Seite hin?

Achten Sie auf die Schwanzhaltung. Ein Ringelschwanz wird meist in Hüfthöhe getragen.

Stellen Sie fest, ob Ihr Hund gewohnheitsmäßig immer die gleiche Sitzhaltung einnimmt oder ob er sie von Zeit zu Zeit ändert. Barney verlagert sein Gewicht abwechselnd auf die rechte bzw. linke Hüfte, was bei Hunden mit kupierter Rute üblich ist.

In Bewegung

Sowohl beim langsamen Gehen als auch Traben sollte der Hund einen gleichmäßigen, lockeren Gang aufweisen. Läuft er ruhig und ausgeglichen oder stürzt er umher und tut alles schnell? Bewegt er sich nur widerwillig, selbst wenn Sie ihn dazu auffordern? Geht er auf und ab? Wenn Ihr Hund rennt, hüpft er dann mit den Hinterläufen wie ein Kaninchen oder bewegt er sich frei und mit Hüften und Hinterläufen gleichermaßen? Biegt er seinen Körper auf eine bestimmte Seite (wie eine Krabbe) oder dreht er beim Rennen den Kopf nach rechts bzw. links? Biegt der Hund seinen Körper z.B. nach rechts, bewegt sich dann der Kopf in die gleiche Richtung oder eher nach links?

An der Leine

Achten Sie auf seine Reaktionen, wenn er angeleint wird. Springt er aufgeregt an Ihnen hoch oder steht er geduldig da und wedelt langsam mit dem Schwanz? „Erstarrt" er förmlich (S. 18) oder kauert er mit eingezogenem Schwanz am Boden und leckt sich über die Lippen? Wenn Sie ihn draußen an der Leine führen, dann achten Sie darauf, ob er zufrieden wirkt und sich leicht und entspannt bewegt. Oder zieht er Sie ohne Pause in der Gegend herum, um zu schnüffeln bzw. urinieren, während seine Ohren flach oder gefaltet am Kopf anliegen? Zieht er mit aufgestellten Ohren und starrem Blick an der Leine und hält nach Artgenossen/Menschen/Katzen/Autos Ausschau?

Geht er gerade oder in Richtung Boden gedrückt? Dreht er sich Kreis, springt oder zieht er bzw. versteckt er sich hinter Ihnen oder hält er an und startet dann durch? Kann er wirklich an der Leine gehen oder nimmt er eine starre Haltung bzw. legt sich hin? Ist er steif? Verläuft durch seinen Körper eine Biegung oder entspricht der Tritt seiner Hinterläufe genau der Richtung der Vorderpfoten?

Wechseln Sie nun die Seiten, sodass Ihr Hund an Ihrer anderen Körperseite geht und beobachten Sie ihn erneut. Es gibt Hunde, die sich durch diesen Seitentausch völlig überfordert fühlen, vor allem wenn ihnen – wie es üblich ist – antrainiert wurde, stets auf der linken Seite Ihres Besitzers zu gehen.

Wenn möglich, bitten Sie einen Freund oder Kollegen um Mithilfe, der den Hund von Ihnen weg und danach wieder auf Sie zu führt.

Molly ist steif in der Hüfte und den Hinterläufen. Beim Gehen schwingt sie eher nach links und sie trägt ihre Rute wie eine Fahnenstange, um das Gleichgewicht zu halten.

Beobachten Sie Ihren Hund in Bewegung. Bewegt er seine Hinterläufe gleichmäßig oder wirkt einer steifer als der andere. Wie trägt er die Rute? Eher nach links oder nach rechts? Ändert sich das irgendwann?

Selbst im Stehen ist Mollys Rute starr, was auf Verspannungen in Rücken und hinterer Körperhälfte hindeutet.

Beobachten Sie, wie Ihr Hund beim Rennen eine Kurve dreht. Archie dreht seinen Kopf in die Richtung, in die er rennt.

Merken Sie sich, ob sich Ihr Hund freut, von einer anderen Person von Ihnen weg geführt zu werden.

Wenn er auf Sie zugeht, zieht er dann an der Leine, um schneller bei Ihnen zu sein? Schauen Sie sich seine Kopf-, Ohren- und Schwanzhaltung an. Ist sie gerade, aufrecht, gesenkt oder nicht gerade? Betrachten Sie seinen Brustkorb und Bauch. Sind sie gleichmäßig entwickelt oder drückt er sie eher nach links oder rechts?

Molly trägt ihren Kopf leicht nach links geneigt, obwohl sie sich nach rechts bewegt.

Wenn Sie mit Ihrem Hund auf einem Gehweg oder auf Beton gehen, dann achten Sie darauf, ob er eventuell sichtbar feuchte Pfotenabdrücke hinterlässt.

Schweißige Pfotenballen können auf Stress hindeuten. Sie sollten jedoch keine voreiligen Schlüsse daraus ziehen, weil es auch einfach nur sein kann, dass Ihr Hund erhitzt ist. Berücksichtigen Sie die Außentemperatur und schauen Sie, ob er wieder „abkühlt".

Lehnt sich Ihr Hund seitlich weg von Ihnen?

Im Stehen

Fordern Sie Ihren Hund auf, stehenzubleiben und schauen Sie sich den Verlauf seiner Muskeln an. Hat er eine gut definierte Rücken- und Kopflinie oder wirkt er schwächlich und unterentwickelt? Sind im Stehen Hals und Rute aufgerichtet und der Rücken leicht durchgedrückt oder hält er Kopf und Rute gesenkt? Ist seine Muskulatur in Nacken, Rücken, vorderer bzw. hinterer Körperhälfte gleichmäßig entwickelt oder auf einer Körperseite sichtbar stärker?

Wenn Sie seinen Rücken von oben betrachten, befinden sich die Rippenbögen dann auf gleicher Höhe oder sind die Rippen auf einer Seite stärker vorgewölbt als auf der anderen?

Achten Sie auf seine Haltung und die Anordnung seiner Gliedmaßen. Belastet er alle vier Gliedmaßen gleich stark oder spreizt er ein bzw. mehrere Beine seitlich, nach vorne oder nach hinten ab? Steht er breitbeinig da oder sind seine Beine eng gestellt? Sind seine Gliedmaßen nach vorne oder hinten gerichtet? Achten Sie darauf, ob sich etwas ändert, wenn Sie Ihre eigene Position wechseln. Manche Hunde neigen sich in Richtung der Seite, auf der ihr Besitzer steht. Bleibt er ruhig stehen oder verlagert er ständig sein Gewicht von einer Seite auf die andere? Wird er aufgeregt, wenn Sie ihn auffordern, still zu stehen?

Betrachten Sie die Muskulatur in der hinteren Körperhälfte dieses Hundes – bei den meisten Hunden ist eine Seite stärker entwickelt als die andere.

Bei Egan befinden sich die Hinterläufe beim Stehen unter seinem Körper. Hüften und hinterer Rückenbereich wirken schwach.

Die Muskulatur dieses Greyhounds ist unterentwickelt. Seine Kopf- und Rückenlinie ist schwach.

Belastet Ihr Hund alle vier Gliedmaßen gleichmäßig oder spreizt er im Stehen ein Bein ab?

Wenn es der Hund nicht als Bedrohung empfindet, dann stellen Sie sich direkt vor ihn hin und studieren Sie Höhe, Form und Anordnung seiner Gesichtszüge. Achten Sie auf Kummer- bzw. Stressfalten an der Schnauze. Holly weist Kummerfalten an der Schnauze und auf der Stirn auf. Ihre Ohren sind verspannt.

Schauen Sie sich die Position des Kopfes an. Ist sie gerade oder leicht geneigt?

Von vorne

Wenn Sie den Hund gut kennen und wissen, dass er sich nicht bedroht fühlt oder versucht, an Ihnen hochzuspringen, dann stellen Sie sich direkt vor ihn hin und schauen ihm ins Gesicht. Hält er seinen Kopf gerade oder neigt er den Hals auf eine bestimmte Seite? Befinden sich beide Ohren/Augen auf gleicher Höhe oder ist ein Auge und/oder Ohr weiter oben, versetzt oder größer als das andere? Schauen Sie sich den Kopf an. Ist der Schädel auf beiden Seiten gleich stark gewölbt oder ist eine Seite flacher, kürzer oder höher als die andere? Betrachten Sie seine Schnauze. Ist sie ebenmäßig oder auf einer Seite höher als auf der anderen?

Poppy hat ihr Gewicht auf ihre rechte Seite verlagert. Achten Sie darauf, ob Ihr Hund sein Gewicht für gewöhnlich stärker auf eine bestimmte Seite verlagert oder ob die Gewichtsverlagerung von Ihrer Position abhängt.

Haut und Zehen

Wenn Sie nachsehen, wie Ihr Hund die Zehen gespreizt hat, dann können Sie feststellen, wie er sein Gewicht auf die einzelnen Gliedmaßen verlagert. Sind die Zehen an der Außenseite der Pfote abgespreizt, dann lastet sein Gewicht auch auf der Außenseite. Überprüfen Sie, ob die Zehen gerade oder gekrümmt sind. Stellen Sie fest, ob die Zehen gleichmäßig aussehen oder ob es welche gibt, die gerader bzw. gebogener sind. Werfen Sie einen Blick auf die Krallen, um zu sehen, welche davon kürzer bzw. abgenutzter sind. Daraus lässt sich schließen, ob der Hund in seinen Bewegungen ausgeglichen ist oder nicht. Es kann sein, dass eine bzw. mehrere Krallen einer Pfote abgenutzter sind als andere. Wenn sich Ihr Hund von Ihnen die Pfote hoch heben lässt, dann schauen Sie sich seine Ballen an. Verlagert er sein Gewicht ungleichmäßig über seinen Körper, dann erscheinen die stärker belasteten Ballen flacher und runder in ihrer Form und glänzen mehr als die anderen.

Untersuchen Sie die Farbe seines Zahnfleisches, das Weiße um sein Auge sowie die Haut an Magen, Innenschenkel und zwischen den Zehen. Gestresste Hunde oder solche, die innere Störungen aufweisen, haben oft Rötungen an Zahnfleisch, Augen und Haut.

Schauen Sie sich an, wie die Zehen Ihres Hundes gespreizt sind, dann können Sie feststellen, wie er sein Gewicht auf die einzelnen Gliedmaßen verteilt.

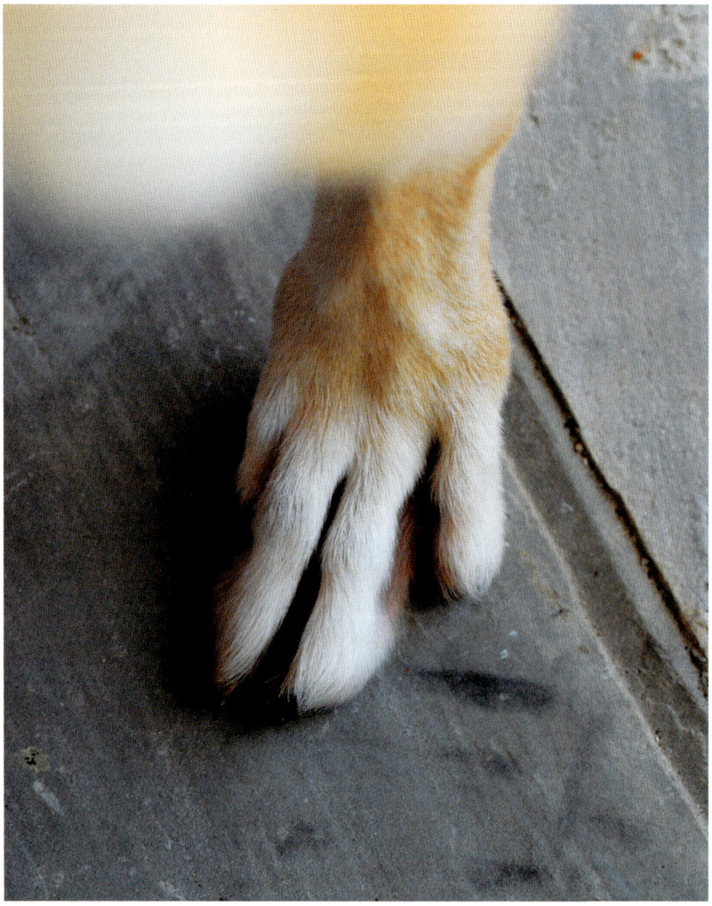

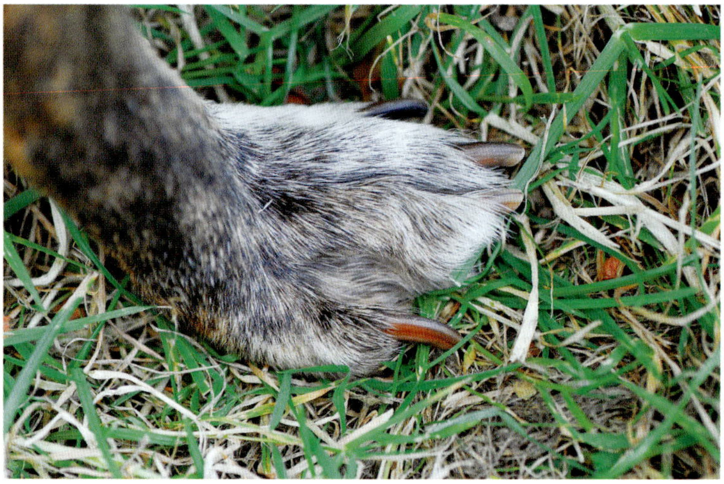

Bei diesem Hund lastet das Hauptgewicht auf der Außenseite seines Laufs. Achten Sie darauf, wie die Außenzehe von den anderen abgespreizt ist.

Wird das Gewicht ungleichmäßig verteilt, dann erkennt man dies auch an den Ballen. Die äußeren Ballen weisen glänzende Stellen auf, die auf eine stärkere Belastung hindeuten.

Molly ist eine ängstliche Hündin, die übermäßig viel bellt. Bei ihr sind Zahnfleisch und Zunge gerötet, was ein Anzeichen für innere Erregung sein kann.

Das Fell dieses Greyhounds ist in sehr schlechtem Zustand. Es weist in manchen Bereichen kahle Stellen auf und es ist trocken und schorfig. Achten Sie auf die erhabenen, trockenen Bereiche auf dem Rücken des Hundes (rechts). Sie stehen in Verbindung mit Verspannungen und eingeschränkter Beweglichkeit in der hinteren Körperhälfte.

Fell

Zahlreiche Erkenntnisse über den allgemeinen Gesundheitszustand und die Beweglichkeit des Hundes lassen sich auch aus seinem Fell gewinnen. Ist das Fell überall bzw. größtenteils sehr trocken, dann kann das bedeuten, dass der Hund an Nährstoffmangel leidet, gestresst ist, Verspannungen im Nacken- und/oder Rückenbereich aufweist oder sich unwohl fühlt. Halten Sie Ausschau nach aufgestellten, fettigen, rauen oder trockenen Haaren, besonders am Hals, Rücken und in der hinteren Körperhälfte. Schuppen oder Schorf können auf eine gespannte Haut oder Verspannungen in diesem Teil des Körpers hinweisen.

Machen Sie sich Notizen über die Wirbel in seinem Fell, vor allem wenn sie an manchen Stellen sehr zahlreich auftreten. Sie können zwar Bestandteile des natürlichen Haarkleides Ihres Hundes sein, sich aber auch verändern, sobald sich die Anspannung im Körper bessert. Wirbel können auch erste Anzeichen für eine beginnende Störung sein oder nach einer Operation bzw. einem Unfall auftreten.

Achten Sie darauf, in welche Richtung das Fell verläuft, besonders im Bereich der Schulter, des unteren Rückens und oberhalb der Hüften. Befinden sich die Hüften nicht auf gleicher Höhe, dann liegen die Haare in der hinteren Körperhälfte meist in Richtung der tiefer gelegenen Hüfte. Die Haare am Halsansatz und über dem Widerrist fallen meist in Richtung der tiefer gelegenen Schulter.

Achten Sie allgemein auf Farbe und Glanz des Felles. Bei Hunden mit schwarzem Fell bzw. schwarzen Flecken entwickeln sich bisweilen braune Schattierungen, die mit zugrunde liegenden Verspannung

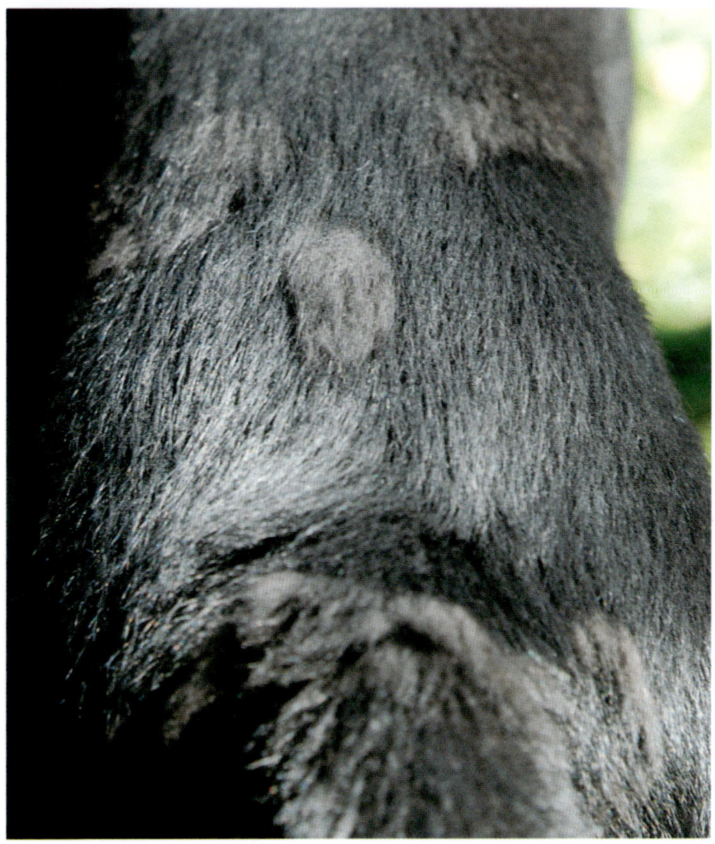

zusammenhängen können. Ist das Fell von Natur aus hell, dann sollten Sie nach Stellen suchen, die nachgedunkelt sind bzw. farblos wirken. Nach Körperarbeit und/oder Futterumstellung nehmen diese Stellen oft wieder ihre ursprüngliche Farbe an – natürlich nur, wenn sie nicht von Natur aus zur Fellzeichnung des Hundes gehören.

Achten Sie auf weiße Flecken oder Linien, die nichts mit der natürlichen Fellfarbe des Hundes zu tun haben. Sie können Zeichen für eine alte Verletzung sein und unter Umständen die Erklärung dafür liefern, weshalb sich Ihr Hund in gewissen Situationen gestresst fühlt, er das Kommando „Sitz-Bleib" nicht ausführen kann oder nicht gern im Auto mitfährt.

Schauen Sie auch nach, ob Ihr Hund auf einer Körperseite spärlicheren Haarwuchs aufweist als auf der anderen. Kahle Stellen oder Bereiche mit dünnem Fellbewuchs geben Auskunft über die Sitz- bzw. Schlafgewohnheiten Ihres Hundes oder deuten auf übermäßige Verspannungen in einer Körperseite hin.

Achten Sie beim Fellwechsel Ihres Hundes auf ungewöhnliche „Muster", die oftmals in einem Bereich entstehen, wo die Beweglichkeit in den Weichteilen eingeschränkt ist. An Stellen mit starker Spannung in der Haut, kann sich das Fell oft nicht richtig ablösen. Extrem starker bzw. ständiger Fellwechsel kann ein Anzeichen für Stress sein: Der Hund wirkt dann zwar äußerlich ruhig, wenn Besucher ins Haus kommen, verliert aber sehr viel Haare in deren Gegenwart. Wenn Ihr Hund über einen längeren Zeitraum weiterhin Haare verliert, dann sollten Sie einen Tierarzt aufsuchen, da ein medizinisches Problem vorliegen könnte. Selbst wenn Ihr Hund keine Gesundheits- bzw. Verhaltensprobleme aufweist, ist es nützlich, sich einen Überblick über seinen natürlichen Fellzustand zu verschaffen, um etwaige Veränderungen gleich zu erkennen. Sobald sich ein gesundheitliches Problem einstellt, ändert sich auch das Fell.

Tyler hat an jeder Hüfte eine Linie aus weißen Haaren, die ein Anzeichen für eine alte Verletzung bzw. Verspannungen im Beckenbereich ist. Da sich seine Körperhaltung allmählich bessert, werden auch die weißen Haare weniger.

Chili hat von Geburt an Deformierungen an den Beinen. Nach einer Operation entwickelte sich ein federförmiger Wirbel an seiner rechten Schulter. An dieser Stelle ist auch das Fell etwas heller.

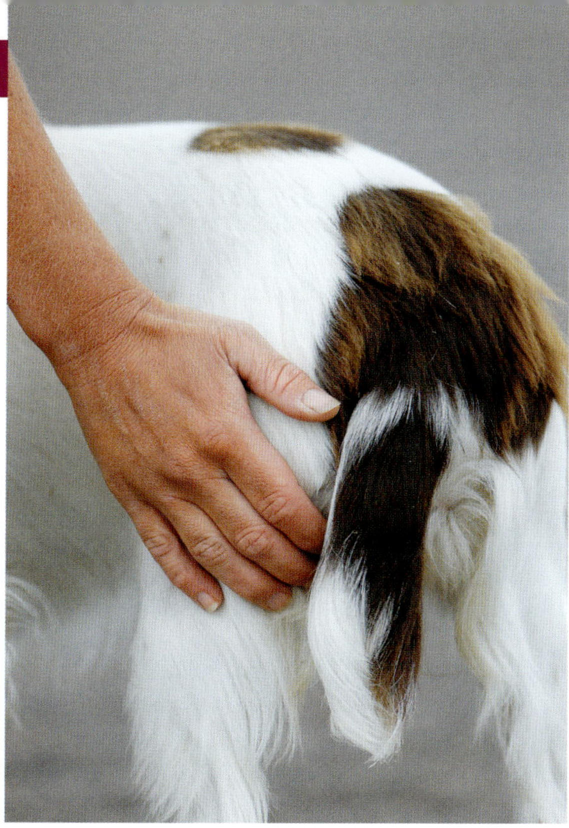

Achten Sie auf ungewöhnliche Muster, wenn Ihr Hund das Fell wechselt. Sally hat an den Hinterläufen trockene Stellen aus altem Fell.

Halten Sie nach Bereichen Ausschau, an denen der Fellbewuchs sehr spärlich ist – beachten Sie auf dem Bild die „abgewetzten" Stellen am Schenkel des Hundes. Dies kann ein Anzeichen für eine überentwickelte Muskulatur sein oder auf die Sitz- bzw. Schlafgewohnheiten des Hundes hindeuten.

Sonstige Beobachtungen

Viele Hunde, die die erwähnten Fellveränderungen aufweisen, verhalten sich aggressiv, wenn man diese Stellen berührt. Aus diesem Grund werden sie dann oft als unberechenbar eingestuft, weil sie in manchen Situationen zubeißen, in anderen wiederum nicht. In diesem Fall liegt die Unberechenbarkeit jedoch nicht beim Hund, sondern beim Besitzer, der unachtsam mit ihm umgeht. Wenn Sie Fellveränderungen bemerken, dann können Sie besser einschätzen, wie Sie mit Ihrem Hund erfolgreich arbeiten können, ohne versehentlich unerwünschte Verhaltensweisen auszulösen.

Molly ist ein schokobrauner Labrador, ihr Fell ist jedoch stellenweise – z.B. am Schwanz – heller gefärbt, was mit Verspannungen in der Haut zusammenhängen kann.

Beobachten Sie, wie Ihr Hund in verschiedenen Situationen reagiert und lernen Sie, wie er sich durch seine Körpersprache mitzuteilen versucht. Beobachten Sie ihn auch beim Fressen. Nervöse Hunde mit Verspannungen im Schnauzenbereich schlingen oft ihr Futter in sich hinein und schnappen nach Belohnungshappen, während scheue Hunde eher „gesittet" fressen und sich leicht von ihrem Futter ablenken lassen. Für einen Hund, der im unteren Rücken und in den Hüften verspannt bzw. schwach ist, kann es schwierig sein, Kot abzusetzen, weil er Probleme mit der Stellung hat. Unter Umständen muss er sich beim Urinieren weiter nach vorn bewegen oder er ist unfähig ein Bein zu heben.

Hinhören

Achten Sie auf jede Lautäußerung Ihres Hundes: Extremes Seufzen, Hecheln oder Winseln kann auf Stress hindeuten. Hören Sie genau hin, ob er bei Beunruhigung Luft durch die Lippen bläst oder ob er hustet bzw. Schluckauf bekommt, wenn Druck auf sein Halsband ausgeübt wird. Beobachten Sie, ob er beim Aufstehen oder sogar wenn er in seinem Korb liegt, winselt. Wenn Sie auf die Tritte Ihres Hundes lauschen, können Sie erkennen, wie er sein Gewicht auf die einzelnen Gliedmaßen verteilt. Vielleicht tritt er mit einem bestimmten Bein stärker auf bzw. „schlurft" mit einem oder mehreren Beinen über den Boden.

Meg

Die Border Collie-Hündin Meg wurde im Alter von drei Monaten von einer Farm übernommen. Obwohl sie Fremden gegenüber eher vorsichtig war, genoss sie den Kontakt zu Menschen und war besonders dem Sohn des Nachbarn sehr zugetan. Im Alter von 16 Monaten änderte sich ihr Verhalten dramatisch – praktisch über Nacht – und ihre Besitzerin Sue setzte sich mit mir in Verbindung und bat um Hilfe. Meg rannte nun nicht mehr auf den Jungen zu, wenn sie ihn sah, sondern knurrte ihn an und schien ihm richtiggehend aufzulauern. Diese Verhaltensweise ging mit einer plötzlich auftretenden, extremen Angst vor Geräuschen einher.

Man hätte dieses Verhalten als „typisch Collie" abtun können, doch – obwohl man die natürlichen Instinkte eines Hundes stets berücksichtigen sollte – man sollte keine voreiligen Schlüsse ziehen und sich zur Lösung des Problems ausschließlich auf das Training konzentrieren, ohne nach der zugrunde liegenden Ursache zu forschen.

Sue hatte bereits einen meiner Workshops besucht, als sie Meg bei sich aufnahm, und wusste daher, dass der Grund für die dramatische und beunruhigende Verhaltensänderung ihres Hundes auch woanders liegen konnte. Ich fragte Sue, ob sie irgendwelche Veränderungen in Megs Fell beobachtet hätte und sie antwortete, dass die Haare auf dem Rücken und an den Hinterläufen sehr lockig und rau geworden wären. Ich empfahl den Besuch bei einem Tierarzt und erhielt eine Woche darauf einen Anruf von einer sichtlich erleichterten Sue. Meg war vom Tierarzt untersucht und geröntgt worden und es hatte sich herausgestellt, dass sich in ihren Sprunggelenken neues Knochengewebe bildete. Zum Glück wurde sie von Megs Tierarzt an einen ganzheitlich orientierten Kollegen überwiesen, der ihr einige Nahrungsergänzungsmittel empfahl, einen Kurs in Akupressur (S. 91) erteilte und sie mit homöopathischen Arzneimitteln versorgte. Die mittels Akupressur erzielten Besserungen unterstützte Sue mit TTouches, sodass Meg bald wieder die alte war. Zwei Wochen nach Beginn ihrer Behandlung spielte sie wieder mit dem kleinen Nachbarjungen und ihre Geräuschempfindlichkeit hatte nachgelassen.

Erfühlen

Wenn Sie den Hund kennen bzw. wenn er sich gern von fremden Personen anfassen lässt, können Sie mit Hilfe Ihrer Hände erfühlen, wo die Verspannungen liegen. Erfühlen Sie auf diese Weise Temperaturunterschiede, raue bzw. struppige Haare, gespannte Hautstellen oder Bereiche, in denen die Berührung ein Zusammenziehen bzw. Zucken der Muskeln auslöst. Überprüfen Sie, ob der Hund irgendwelche kleinen Knötchen oder Erhebungen aufweist und ob die Muskeln auf beiden Körperseiten gleich stark ausgebildet sind. Suchen Sie nach Stellen, an denen die Weichteile schwach bzw. gespannt erscheinen und wo die Haut unter Ihren Fingern nachgibt bzw. sich „eindellen" lässt.

Untersuchung mit der flachen Hand

Bei dieser Art der Untersuchung übernehmen Ihre Hände die Funktion Ihrer Augen. Die Einschätzung sollte langsam und mit Bedacht geschehen. Ziel ist es, mit den Fingern auf dem Hund zu „lesen". Untersuchen Sie den Hund zu schnell, dann könnten Ihnen subtile Reaktionen und

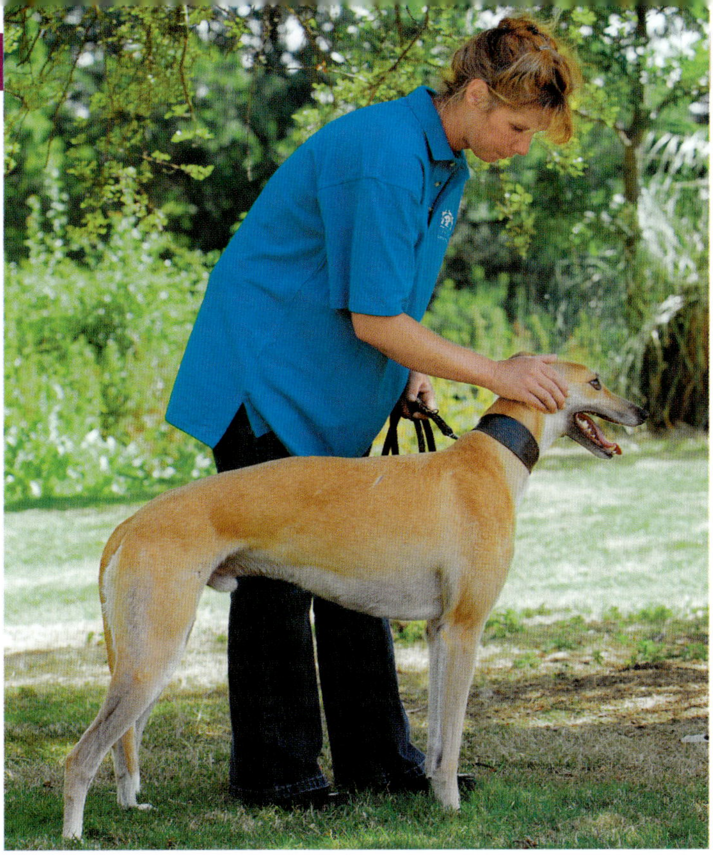

Streichen Sie mit Ihren Händen langsam und ganz leicht über den Körper des Hundes.

Falls der Hund es zulässt, dann versuchen Sie, mit Hilfe Ihrer Hände mehr Informationen über ihn zu erhalten. Der kleine, weiße Hund auf dem Bild hat Verspannungen im ganzen Rücken. Berührt man ihn dort mit den Händen, dann krümmt er seinen Rücken und hebt ein Hinterbein.

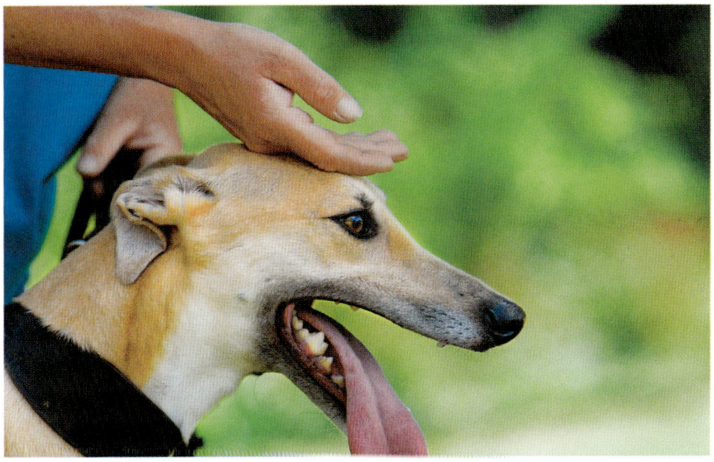

Wenn der Hund handscheu ist, dann untersuchen Sie ihn mit dem Handrücken.

Fühlt er sich bei Berührungen am Kopf bedroht, dann beginnen Sie an der Schulter. Trotz einer Außentemperatur von fast 40 °C beginnt dieser Hund sich allmählich zu beruhigen.

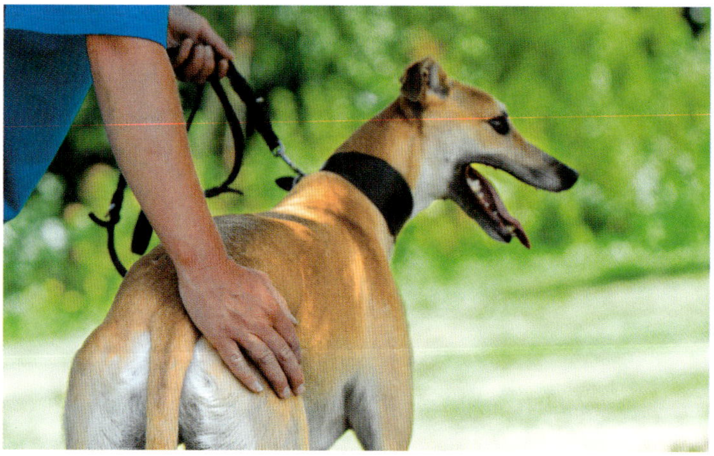

Erfühlen Sie Temperaturschwankungen in Bereichen, die Verspannungen aufweisen …

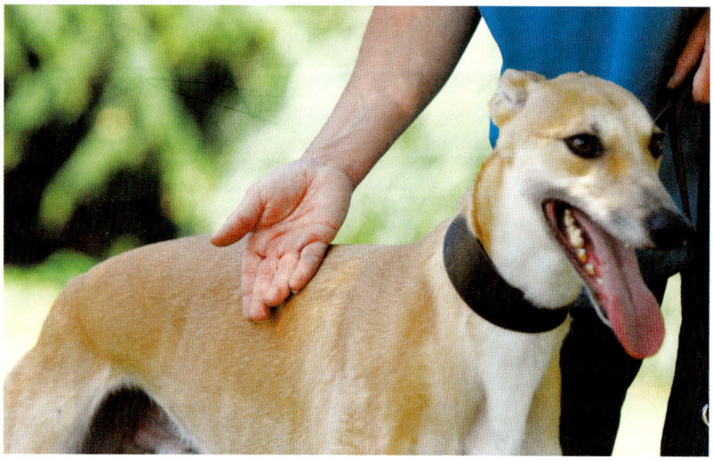

… oder wo das Fell rau ist.

Überprüfen Sie die Temperatur an Unterschenkel und Pfoten. Nervöse Hunde mögen oft keinen Kontakt an ihren Beinen und haben kalte bzw. kühle Pfoten.

Wenn bei diesem Hund der Hinterlauf angehoben wird, dann verspannt er sich und drückt zum Ausgleich seinen Rücken nach unten.

geringfügige Temperaturschwankungen entgehen, sodass Sie nur jedes dritte „Wort" mitbekommen, d.h. diejenigen Bereiche, die dem Hund bei Berührung Schwierigkeiten bereiten, bleiben unter Umständen unentdeckt.

Wenn sich der Hund gerne anfassen lässt, dann beginnen Sie vorn am Kopf und streichen Sie mit Ihrer Hand sanft und ohne Druck den Hals und Rücken entlang. Untersuchen Sie so ebenfalls Schultern und Körperseiten, danach Vorder- und Hinterläufe. Sobald Sie mit einer Seite fertig sind, machen Sie bei der anderen weiter und vergleichen die Ergebnisse miteinander. Hören Sie unverzüglich auf, wenn sich der Hund unsicher oder beunruhigt fühlt. Ist der Hund scheu bzw. nervös, besonders wenn man ihn am Hals berührt, dann beginnen Sie an der Schulter und berühren Sie ihn dabei mit dem Handrücken: Das wirkt für den Hund weniger bedrohlich und Sie können auf diese Weise Temperaturunterschiede leichter wahrnehmen.

Heben Sie abwechselnd jedes Bein hoch. Belastet der Hund ein Bein stärker als alle anderen, dann ist es für ihn unmöglich, diesen Lauf zu heben. Eventuell versteift er sich dabei auch, was auf Verspannungen in Schulter oder hinterer Körperhälfte hindeuten würde.

Die nächsten Schritte

Wenn Sie am Körper Ihres Hundes auf Verspannungen bzw. schwache Stellen stoßen, dann gibt es Einiges, was Sie zu seiner Erleichterung beitragen können. Falls Sie dahinter jedoch ein gesundheitliches Problem vermuten, dann sollten Sie einen Tierarzt zu Rate ziehen, um die notwendigen Vorkehrungen bezüglich Umgebung und Haltung des Hundes zu treffen, bevor Sie die in diesem Buch aufgeführten Methoden anwenden.

Mit Hilfe der beschriebenen Methoden können Sie rasche Abhilfe im Verhalten und in der Lebenseinstellung Ihres Hundes schaffen. Man sollte jedoch stets realistisch bleiben und daran denken, dass manche Verspannungen längere Zeit und viel Geduld erfordern, bis man sie in den Griff bekommt – je nachdem wie lange das Problem und/oder die zugrunde liegende Ursache bereits bestehen.

Arbeiten Sie die folgenden Seiten durch und lernen Sie mehr über die Probleme, die durch Verspannungen und Unwohlsein in bestimmten Körperbereichen entstehen können und wenden Sie daraufhin die im Kapitel „Schritt für Schritt zum ausgeglichenen Hund“ (S. 74–121) beschriebenen Bodenübungen und TTouches an, um Körperbewusstsein bzw. -haltung Ihres Hundes zu verbessern. Dies wird eine völlig neue Erfahrung für Ihren Hund sein. Uns Menschen wird von klein auf gelehrt, dass man hart arbeiten müsse, um im Leben etwas zu erreichen – dies gilt aber nicht notwendigerweise für die Arbeit mit den TTouches. Man kann natürlich leicht der Versuchung erliegen und jedes erdenkliche Arbeitsmittel am Hund ausprobieren bzw. ihn mit Körperübungen bombardieren, sodass sein Nervensystem durch die auf ihn einstürzende Informationsflut völlig überfordert ist. Halten Sie sich immer vor Augen, dass das Nervensystem auf leichteste Berührungen und kleinste Bewegungen reagiert. Wenn wir uns als ruhige Beobachter nähern, dann können wir bewerkstelligen, dass das Temperament des Hundes ausgeglichener wird, was wiederum zur Beseitigung zahlreicher unerwünschter Verhaltensmuster führt.

Um eine Veränderung herbeizuführen, braucht es keinesfalls Stunden. Manchmal reichen in der ersten Unterrichtseinheit ein paar Bauchhebungen (s. S. 95–97) und ein bis zwei langsame Führübungen (z.B. „Slalom mit Hütchen“, S. 105, oder „Unebene Stangen“, S. 110), um eine Änderung zu bewirken. Wenn wir von unserem Hund verlangen, dass er in seinem Verhalten ruhiger wird, sollten wir dann nicht auch dasselbe tun? Mehrere kurze Trainingseinheiten über den Tag bzw. einige Tage verteilt bringen meist mehr als eine lange Unterrichtseinheit – und zwar unabhängig von den Trainingsmethoden. Wenn Sie sich diesen Ansatz zu Eigen machen, dann kann der Hund alles „mitnehmen“, was Sie von ihm verlangen und die Informationen während der Pausen verarbeiten. Oft erfolgen die Änderungen in Körperhaltung und Verhalten eines Hundes zwischen den einzelnen Trainingseinheiten bzw. am Tag nach der TTouch-Behandlung.

Holly steht unter starkem Stress und zieht an der Leine.

Mit einfachen Ohren-TTouches (s. S. 103) lässt sich Holly beruhigen. Ihre Gesichtszüge werden dabei weich.

Holly beruhigt sich, wenn sie beidhändig geführt wird.

Berührungen im Bereich des Mauls wirken sehr beruhigend und …

… entspannend.

Schnauze

Der Mund bzw. das Maul stehen in Verbindung mit der Lernfähigkeit. Wenn Menschen sich auf etwas konzentrieren, kauen sie oft an Stiften oder ihren Fingernägeln bzw. beißen sich auf die Lippe oder lecken mit der Zunge darüber. Menschen- und Tierbabys aller Säugetierarten stecken sich irgendwelche Gegenstände in den Mund. Der Mund steht auch mit dem limbischen System in Verbindung: Damit bezeichnet man einen Bereich des Gehirns, der Emotionen und Lernvermögen steuert (Daniel Goleman beschreibt dies in seinem Buch *Emotional Intelligence*). Diese emotionale Verbindung stimmt mit den von Linda Tellington Jones (S. 8) gemachten Beobachtungen überein, dass sich das Verhalten von Tieren bessert bzw. ihre Konzentration sich steigert, sobald die Spannung im Maul nachlässt. Durch Berührungen am Maul – sowohl innen als auch außen – werden die Speicheldrüsen stimuliert und das entspannungsfördernde parasympathische Nervensystem angeregt (s. S. 14), was wiederum das für Flucht- und Kampfreaktionen verantwortliche sympathische Nervensystem (S. 18–19) hemmt.

Das Maul gehört zu den wichtigsten Körperteilen eines Hundes und wird sehr viel zur Kommunikation eingesetzt. Hunde mit schmaler Schnauze, wie z.B. auf Sicht spezialisierte Jagdhunde, reagieren viel eher

Durch Maularbeit lässt sich exzessives Kauen verringern …

… und sie ist extrem angenehm für zahnende Welpen.

Anzeichen für Verspannungen

Bei Hunden mit Verspannungen im Maul können folgende Symptome auftreten:

- Fixierung auf Futter/Spielzeug
- Anhänglichkeit
- Schwierigkeiten beim Entspannen
- Suchen nach ständiger Aufmerksamkeit
- Abneigung gegen Berührungen an Kopf und Schnauze
- Probleme beim Tragen eines Kopfhalfters
- Exzessives Bellen
- Kurze Konzentrationsspanne
- Aggressives Verhalten gegenüber anderen Hunden

Hunde mit Verspannungen im Schnauzenbereich bellen und hecheln sehr viel. Oft sind sie auch regelrecht „versessen" auf ihr Futter.

Hunde mit Verspannungen in der Schnauze lassen sich leicht ablenken.

empfindlich und handscheu als ihre Artgenossen mit breiterer Schnauze. Rassen mit breiter Schnauze, wie Retriever und Bullterrier, neigen wohl eher zu übertriebenen Maulbewegungen: Diese Information sollte jedoch nur als Richtlinie, nicht als definitive Faustregel verstanden werden.

Auswirkungen von Verspannungen im Schnauzenbereich

Wie beim Menschen, kann auch bei Hunden der Schnauzen- und Kieferbereich stark verspannt sein. Ein Hund mit Verspannungen im und um das Maul kann nur begrenzt kommunizieren oder ist überempfindlich bzw. extrem emotional. Ein solcher Hund lässt auch oft seinen Futternapf links liegen, wenn er innerlich erregt ist oder zögert, Futter von anderen Menschen anzunehmen, wenn er sich unsicher fühlt. Um seinen Stress zum Ausdruck zu bringen, leckt er sich in schneller Folge über die Lippen und sein Blick ist glasig und ausdruckslos. Fühlt sich ein solcher Hund in die Enge getrieben, dann kann es vorkommen, dass er ohne vorheriges Knurren aus Nervosität „zuschnappt", obwohl er vielleicht schon zuvor zahlreiche Signale ausgesendet hat, um seinen Stress mitzuteilen (s. S. 17).

Hunde mit Verspannungen am Maul bellen, trinken und hecheln unter Umständen übertrieben viel und sind besonders interessiert bzw. fast besessen von Futter, Spielzeug und anderen Gegenständen. Sie regen sich schnell auf und neigen zu hyperaktivem Verhalten. Oft ist ihre mentale und emotionale Entwicklung verzögert. Sie können ein sehr ungestümes, „ausgeflipptes" Verhalten an den Tag legen und stimmungsmäßig zwischen völlig aufgedreht und schläfrig hin und her schwanken. Werden sie zu etwas gezwungen, bei dem sie sich nicht wohl fühlen oder wird ihr überdrehtes Verhalten gewaltsam beendet, dann kann es sein, dass sie zuschnappen und/oder in die Kleidung des Besitzers bzw. die Leine beißen. Im Extremfall beißen sie auch zu.

Wenn Sie Ihren Hund dabei beobachten, wie er seine Schnauze und seinen Kiefer hält, dann können Sie daraus wichtige Informationen erhalten, wie er mit einer Situation umgeht. Sind Maul und Kiefer bewegungslos und starr, dann kann dies ein Zeichen dafür sein, dass der Hund „abgeschaltet" hat und erstarrt ist. Viele Hunde blasen bei Stress Luft durch die Lippen oder lecken häufig. Der Speichel kann Aufschluss über die Gefühlswelt eines Hundes geben. Übermäßige Speichelbildung kann mit der Darmfunktion und extremem Stress zusammenhängen, während ein trockenes Maul auf einen nervösen Hund hindeutet.

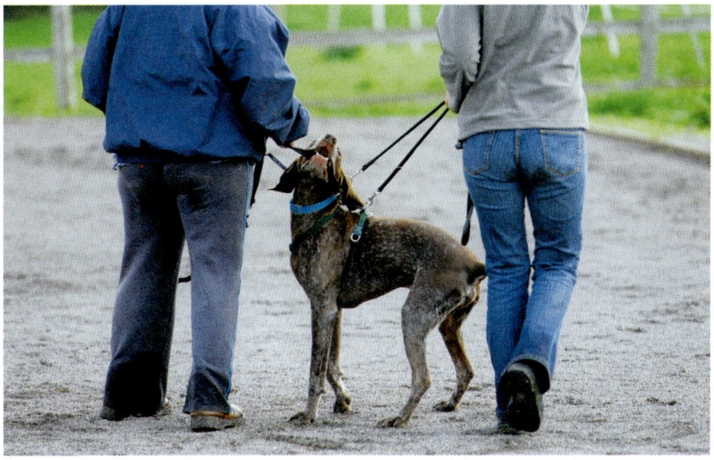

Ollie kann sich schlecht konzentrieren und es fällt ihm schwer an der Leine zu gehen, wenn er sich in einer ungewohnten Situation befindet. Wenn er sich unsicher fühlt, dann „macht er Faxen" und beißt in die Leine.

Übermäßige Speichelbildung kann ein Zeichen für Stress oder eine schlechte Darmfunktion sein.

Direkter Augenkontakt wirkt auf viele Hunde bedrohlich. Holly ist höchst angespannt.

Die Augen sind das Tor zur Seele. An der schönen Poppy zeugt alles von einem glücklichen und freundlichen Hund.

Augen, Ohren, Kopf

Augen

Die Augen sind das Tor zur Seele: Umgängliche und ausgeglichene Hunde haben meist einen weichen, ansprechenden Blick und Augen von kräftiger Farbe, während Verspannungen und Stress einen harten, glasigen Blick mit hervorstehenden, ausdruckslosen Augen verursachen.

Hunde setzen ihre Augen zur Kommunikation ein. Durch Blinzeln bzw. nach unten oder zur Seite blicken werden Informationen an Artgenossen und Menschen übermittelt. Das Rollen mit den Augen kann ein Anzeichen für Beunruhigung sein. Schaut man einem Hund direkt ins Auge, dann kann ihn dies stark verunsichern und unerwünschte Reaktionen hervorrufen. Ein nervöser, fluchtbereiter Hund (S. 18) wendet sich dann ab und vermeidet den direkten Augenkontakt. Wenn er jedoch keine Möglichkeit hat, sich der Situation zu entziehen, kann er aus Angst schon mal „zwicken" oder zu zittern beginnen. Durch direkten Augenkontakt kann man einen Hund auch dazu bringen, aufzuspringen bzw. auf einen Menschen loszustürzen.

Bricht man den Augenkontakt ab, indem man den Blick abwendet oder den Hund mit weichem Blick beobachtet, dann verringert sich sein Stress-Level und er kann verarbeiten, was Sie ihm beizubringen versuchen.
Ein harter, starrer Blick geht oft mit Verspannungen auf der Stirn und im Bereich des Mauls einher. Nervöse Hunde ziehen oft die Augenbrauen nach oben und haben weit aufgerissene, starrende Augen. Dies steht oft in Verbindung mit Angst und der echten Furcht, alleingelassen zu werden.

Ohren

Auch die Ohren spielen eine wichtige Rolle bei der Kommunikation unter Hunden. Die Stellung der Ohren liefert Informationen darüber, wie sich Ihr Hund fühlt und kann ein erstes Warnsignal für einen ansteigenden Stress-Level sein. Hunde, die geräuschempfindlich sind, sich anderen Hunden und Menschen gegenüber aggressiv verhalten und/oder an Reiseübelkeit leiden, weisen oft Verspannungen in den Ohren auf.

Kalte Ohrspitzen können auf Stress/Angst hindeuten und von kalten Pfoten begleitet sein. Sie können auch mit Verspannungen im Halsbereich sowie einer überdurchschnittlich hohen Atem- bzw. Herzfrequenz einher gehen. Hunde, die unter Schock stehen oder ein Trauma erlitten haben, weisen oft kalte Ohrspitzen auf. Ein Schockzustand kann tödlich verlaufen und durch TTouches am Ohr (S. 103) wurde schon das Leben vieler Tiere gerettet, die verletzt oder krank waren. Über das ganze Ohr verteilt befinden sich zahlreiche Akupressurpunkte, die mit dem restlichen Körper in Verbindung stehen (Informationen über Akupressur

Hunde, deren Ohrenansatz ständig Verspannungen aufweist, befinden sich oft in einem permanenten Zustand der Wachsamkeit und können nur schwer entspannen.

s. S. 91). Bei Schmerzen oder Verletzungen am Körper sollte man nach dem entsprechenden Akupressurpunkt am Ohr suchen.

Aufgestellte Ohren können Anzeichen von innerer Anspannung sein. Bei bestimmten Rassen berühren sich die Ohren oft über dem Kopf. Hunde, die ein derartiges Spannungsmuster aufweisen, sind meist leicht erregbar und haben nur eine geringe bis gar keine Konzentrationsspanne. Sie sind unter Umständen schwer erziehbar, weil sie durch Bewegung abgelenkt werden. Flach angelegte und/oder gefaltete Ohren deuten auf Nervosität und Schüchternheit hin. Genau wie hoch aufgestellte Ohren, können auch flache bzw. gefaltete Ohren in Verbindung mit Geräuschempfindlichkeit stehen und oft von Verspannungen in der hinteren Körperhälfte und in der Rute begleitet werden.

Schiefe oder ungleich wirkende Ohren können auf Verspannungen im Hals und/oder Kiefer hinweisen. Der Hund ist dann meist sehr empfindlich in diesem Bereich und mag auch kein Halsband.

Viele Menschen streicheln ihren Hund gern an den Ohren: Doch es gibt Hunde, die eine regelrechte Phobie gegen diese Art des Kontaktes aufgebaut haben. Verspannungen in den Ohren beeinflussen jede andere Verspannung im Kopfbereich und umgekehrt. Manche Hunde haben so starke Verspannungen, dass sich ihr Ohransatz anfühlt, als ob er mit Hartplastik verstärkt worden wäre. Sie verhalten sich äußerst aggressiv und haben eine Abneigung gegen Berührungen am bzw. Bewegungen in der Nähe des Kopfes. Hunde mit verspannten Ohren können auch einen „Hot Spot" auf dem Kopf, über dem Widerrist und auf dem Rücken aufweisen. Diese Spannungsmuster können von gerötetem Zahnfleisch, entzündeten Augen und Hautrötungen im Bereich der Pfotenballen und am Bauch begleitet werden. Es ist sehr nützlich, dem Hund beizubringen, dass er Ohrenkontakt akzeptiert bzw. als Freude empfindet, nicht nur weil man ihn damit beruhigen und zur Entspannung verhelfen kann, sondern auch um ihn stressfrei untersuchen zu können. Sollten Sie einmal die Ohren Ihres Hundes behandeln müssen, dann wenden Sie vor Verabreichung der Ohrentropfen die entsprechenden TTouches an, damit er während der Behandlung ruhig bleibt.

Schiefe Ohren können von Verspannungen im Hals- und Kieferbereich begleitet werden.

Die Rückansicht zeigt, dass bei diesem Greyhound Ohren und Hals ungleich sind.

Kopf

Hunde mit kleinem Kopf und/oder starker Schädelwölbung lernen oft langsamer. Sie neigen dazu, sich in neuen, bedrohlichen Situationen aggressiv zu verhalten. Mit diesem Bewusstsein und einem ruhigen, konsequenten Umgang bzw. Training kann man diese Hunde dazu bringen, über ihre instinktive Reaktionsweise „hinauszuwachsen" und einen hohen Grad an Selbstvertrauen und Disziplin zu erlangen.

Zwischen Stirn und Magen besteht ein Zusammenhang und Hunde mit Verspannungen an den Augenbrauen leiden oft an Verdauungsstörungen bzw. lassen ihr Futter stehen, wenn sie sich unwohl fühlen. Umgekehrt können Futterunverträglichkeiten oder eingeschränkte Darmfunktion ängstliche Verhaltensweisen hervorrufen. Hunde mit Verspannungen im Kopfbereich sind oft sehr anhänglich und nervös. Manche Hunde haben einen „Hot Spot" auf der Kopfmitte. Dieser geht oft einher mit Rötungen der Mundschleimhaut und der Augen und der Hund neigt dazu, sich bei Bedrohung auf einen Menschen zu stürzen und zuzubeißen. Meist ist dies ein Anzeichen für Stress und der betroffene Hund ist wahrscheinlich ständig „auf dem Sprung". Es kann auch sein, dass er zwischen zwei Extremen hin und her schwankt – entweder völlig aufgedreht oder schläfrig.

Anzeichen für Verspannungen im Augen-, Ohren- und Kopfbereich

Bei Hunden mit Verspannungen im Augen-, Ohren- und Kopfbereich können folgende Symptome auftreten:

- Steifer bzw. ungleichmäßiger Gang
- Schwierigkeiten beim Anpassen an neue Situationen
- Probleme beim Heben und Senken des Kopfes
- Nervosität beim Autofahren
- Misstrauen gegenüber Fremden und neuen Hunden
- Losstürzen bzw. „Einfrieren", wenn man sie zum Bewegen auffordert
- Ständiger Zustand der Wachsamkeit
- Geräuschempfindlichkeit
- Spielzeug und/oder Futter wird verteidigt
- Übermäßiges „Klammern" und Verlangen nach Aufmerksamkeit
- Kurze Konzentrationsspanne
- Probleme beim Entspannen
- Erhöhte Herzfrequenz
- Abneigung gegen Berührungen

Hunde mit Verspannungen im Kopfbereich ...

... ziehen oft an der Leine.

Dieser Greyhound weist Verspannungen im Halsbereich auf, ...

... die wiederum mit Verspannungen in den Vorder- und Hinterläufen in Verbindung stehen.

Hals

Der Hals setzt sich aus sieben Halswirbeln zusammen. Verspannungen im Halsbereich verursachen Spannungen in Schultern, Rücken und Hinterläufen und werden ihrerseits von letzteren beeinflusst.

Beißende Hunde sind oft extrem verspannt im Halsbereich und benötigen eine Physiotherapie, eine Kraniosakral-Therapie oder sanfte osteopathische Übungen. Die Schwierigkeiten können ihren Ursprung bereits im Welpenalter haben, wenn man z.B. den jungen Hund am Halsband zerrt, oder später den erwachsenen Hund mit einem Leinenruck grob zurechtweist. Probleme im Hals- und Rückenbereich können auch bei groben bzw. sehr ungestümen Spielen entstehen oder wenn sich der Hund beim Rennen überschlägt. Schäden an Weichteilen oder Skelett bleiben anfangs oft unentdeckt, doch sobald Sie eine geringfügige Änderung im Wesen Ihres Hundes feststellen, sollten Sie ihn sofort von einem Tierarzt gründlich untersuchen lassen.

Auch Knurren, „Herumalbern“, in die Leine beißen oder „Erstarren“, wenn Halsband bzw. Leine angelegt oder abgenommen werden, können auf Probleme im Halsbereich hindeuten. In diesem Fall sollte man auch Schultern und Rücken des Hundes untersuchen. Solche Reaktionen treten nicht immer als Folge einer Schädigung von Weichteilen bzw. Skelett auf, sondern können Anzeichen für Stress und Verspannungen sein, die durch sanfte Körper- und Bodenarbeit erheblich verbessert werden können.

Wie beim Menschen können Verspannungen im Halsbereich auch beim Hund dazu führen, dass sein Lernvermögen begrenzt ist, er sich nur schwer konzentrieren kann und/oder sich Informationen schlecht merken kann.

Bei ungleichmäßiger Muskelbildung im Halsbereich fällt es dem Hund oft schwer, sich in eine bestimmte Richtung zu drehen. Wenn man ihn kleine Kreise gehen lässt, dann geht ein solcher Hund mit der

Hunde, die an der Leine beißen oder in Panik geraten, haben oft Probleme im Halsbereich.

Halsverspannungen rufen beim Hund eine Reaktion hervor, sobald man ihn an dieser Stelle des Körpers berührt.

Wenn man Ollie am Hals berührt, dann wird er noch „aufgedrehter".

Schulter voran und neigt seinen Kopf in die entgegengesetzte Richtung. Zeigt der Hund eine Reaktion, wenn er geführt wird, dann achten Sie darauf, welche Seite ein stärkeres Verhalten hervorruft. Manche Hunde mögen es von Natur aus nicht gern, wenn man sich mit ihnen auf der linken Seite beschäftigt, weil dies – sowohl für Hunde als auch Menschen – ungewohnt ist: Doch auch Verspannungen im Hals können dafür die Ursache sein, sodass es dem Hund schwer fällt in Richtung der Person/des Trainers zu schauen. Er könnte sein Unbehagen dann mit der Person auf dieser Seite in Verbindung bringen und es weiterhin als Stress empfinden, auf einer bestimmten Seite geführt zu werden – selbst wenn sein unbehagliches Empfinden längst verschwunden ist.

Halsverspannungen beeinträchtigen die Beweglichkeit im gesamten Körper – einschließlich der Vorderläufe. Sie haben außerdem Auswirkungen auf das Gleichgewicht und den Lagesinn (s. S. 14) und Hunde mit diesem Spannungsmuster wirken meist ungeschickt oder ziehen stark an der Leine. Beim Agility-Training werfen solche Hunde z.B. Hindernisse um, weil sie mit einem Vorderlauf dagegen stoßen und – da eine enge Verbindung zwischen Hals und Hinterläufen besteht – ihre Hüfte sitzt weiter unten oder sie „schlurfen" mit einer Hinterpfote über den Boden.

Anzeichen für Verspannungen

Bei Hunden mit Verspannungen im Halsbereich können folgende Symptome auftreten:

- Reaktion bei Berührungen auf dem Kopfbereich
- Stressempfinden, wenn man ihnen das Maul öffnen will
- Aggressives Verhalten beim Impfen oder Mikrochippen
- Angst vor dem Tierarzt
- Aufgestellte Haare am Hals oder Halsansatz
- Exzessives Bellen oder überhaupt keins
- Hautprobleme und/oder Futterunverträglichkeiten

Vorderläufe

Verspannungen im Schulterbereich können auf einen Hund mit wenig Selbstvertrauen hinweisen, dessen Bewältigungsstrategie „Angriff" oder „Rückzug" lautet. Er wirkt distanziert und unnahbar: Im Extremfall kauert er sich auf den Boden bzw. „erstarrt" er vor dem Zubeißen, wenn man sich seinem Halsband zu plötzlich nähert. Seine Haare fühlen sich rau und struppig an und er stellt sie am Halsansatz und an den Schultern auf. Hunde, die hinter den Schulterblättern verspannt sind, besitzen häufig einen starken Jagdtrieb und können sich nur schwer konzentrieren, weil sie ständig nach etwas Ausschau halten bzw. von jeder Bewegung abgelenkt werden. An der Leine springen sie hoch und drehen sich und „Fußgehen" ist für sie eine fast unmögliche Aufgabe. Auch bei Hunden, die an der Leine ziehen, treten häufig Verspannungen in den Schultern auf, die mit Verspannungen im Schwanzende einher gehen können.

Ein verspannter Schulterbereich beeinflusst die Beweglichkeit der Vorderläufe: Der Hund macht kleine Schritte oder hat einen ungleichmäßigen Gang. Es fällt ihm schwer, in eine bestimmte Richtung zu gehen und die Muskelbildung ist nicht gleichmäßig. Das Brustbein ist entweder nach links oder rechts verschoben und Widerrist bzw. Rücken sind steif. Verspannungen in den Vorderläufen können auch mit einem verspannten Halsbereich in Verbindung stehen.

Anzeichen für Verspannungen im Schulterbereich

Bei Hunden mit Verspannungen im Schulterbereich können folgende Symptome auftreten:

- Aggressives Verhalten, wenn man die Vorderläufe berührt oder anhebt
- Schwierigkeiten beim Springen
- Nervöses Verhalten beim Begehen glatter Oberflächen
- „Erstarren" bzw. hyperaktives Verhalten beim Tragen eines Brustgeschirrs
- Kalte Pfoten und Ballen
- Schlurfen mit den Vorderpfoten
- „Pfote geben" bei anderen Hunden und beim Besitzer
- Empfindliche Reaktion bei Berührungen an den Rippen
- Abneigung gegen eingeschränkte Bewegungsfreiheit

Diese Deutsche Schäferhündin ist im Hals- und Schulterbereich stark entwickelt, doch sehr schwach in den Hinterläufen. Als Folge davon fehlt es ihr an Selbstvertrauen ...

Es fällt ihr schwer, an der Leine zu gehen und beim Gehen die Balance zu halten. Ihr Verhalten schwankt zwischen Hochspringen ...

... und sie scheut vor dem Trainer zurück.

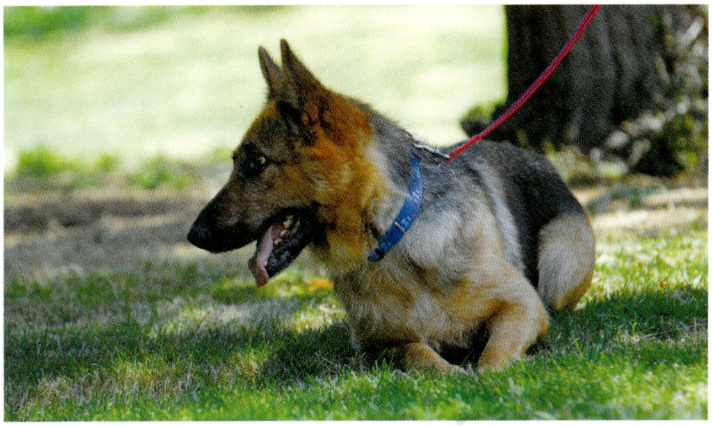

... und Hinlegen.

Dieser Hund ist im Rücken sehr verspannt und Schultern bzw. Hüften sind nur begrenzt beweglich.

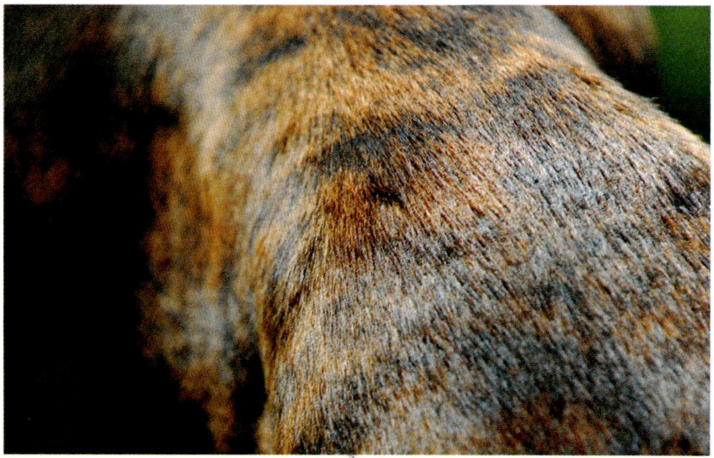

Seine Hüften sind ungleich und vor dem Hüftgelenk befindet sich jeweils eine kleine Stelle mit aufgestellten Haaren.

Rücken

Der Rücken besteht aus 13 Brust- und 7 Lendenwirbeln sowie dem Kreuzbein. Eine gut definierte Rückenlinie und eine bewegliche Wirbelsäule sind sehr wichtig für die allgemeine Gesundheit und das Wohlbefinden des Hundes. Wenn Sie den Rücken Ihres Hundes betrachten, werden Sie hinter den Schulterblättern eine kleine Einbuchtung bemerken: Diese Stelle kann vor allem bei jungen und alten Hunden bzw. solchen mit einer unterentwickelten Rückenmuskulatur sehr empfindlich sein.

Werden Hals und Kopf angehoben, dann fällt der Rücken ab. Daher kann auf den Halsbereich ausgeübter Druck den Rücken schwächen und zu Unwohlsein führen: Hunde, die ihren Kopf gewohnheitsmäßig hoch tragen, befinden sich dann unter Umständen ständig in Flucht-/Kampf-Bereitschaft, werden leicht erregbar bzw. zeigen ein aggressives Verhalten, wenn sie unsicher sind. Jede Verspannung im Rücken wird für gewöhnlich von Verspannungen in den Hinterläufen, Schultern und im Hals begleitet.

Ein verspannter Rücken kann außerdem dazu führen, dass sich der Hund nicht mehr richtig entspannen bzw. mit Menschen und Artgenossen kommunizieren kann. Den Rücken als Spielaufforderung durchbiegen, sich auf den Rücken rollen, langsam einen Kreis beschreiben, sich strecken, sich schütteln – das sind alles wichtige Bestandteile eines Hundelebens. Ist die Wirbelsäule des Hundes jedoch nur begrenzt beweglich, dann ist er nicht in der Lage, sich auf diese Weise auszudrücken, was einen bereits vorhandenen Stress-Level noch verstärken kann.

Sich zu schütteln …

Ein verspannter Rücken verursacht eine kurze, „abgehackte“ Gangart und der Hund wirkt steif. Diese Körperhaltung wird oft noch durch eine starre bzw. zwischen die Beine geklemmte Rute unterstrichen. Hunde, die dieses Spannungsmuster aufweisen, können sich schwer entspannen und befinden sich in ständiger „Hab-Acht-Stellung“, sodass sie oft schon beim leisesten Geräusch bzw. der geringsten Bewegung aufspringen.

Ist ein Hund stark erregt, dann zieht sich die Haut auf dem Rücken naturgemäß zusammen und die Haare an Schulter und unterem Rücken sträuben sich. Es gibt Hunde, die so starke Verspannungen in ihrem Körper aufweisen, dass sie sich ständig in diesem körperlichen Erregungszustand befinden. Die Rückenmuskulatur kann so verspannt sein, dass sie sich bei Berührung verkrampft. Diese Verspannungen behindern die Hautdurchblutung, sodass das Fell in diesem Bereich stumpf, ohne Leben und schorfig erscheint. Die Haare können sehr lockig, gewellt oder aufgestellt sein; die natürliche Fellbeschaffenheit muss man dabei berücksichtigen.

Hunde mit Rückenverspannungen können starke Reaktionen zeigen, wenn man sie irgendwo am Körper berührt bzw. am Halsband anfasst. Sie verhalten sich Fremden und sehr „ungestümen“ Hunden gegenüber extrem defensiv. Auch der Umgang bzw. das Training mit ihnen kann sehr schwierig sein, da sie jede Einschränkung ihrer Bewegungsfreiheit als Bedrohung auffassen. Es kann daher zu Überreaktionen kommen, wenn solche Hunde ein Halsband, Brustgeschirr oder andere Trainingsgegenstände tragen sollen und sie können zubeißen, sobald der Trainer versucht, sie festzuhalten bzw. zu umfassen.

Lassen Sie sich nicht täuschen, wenn ein Hund bei freudiger Erregung nicht einfach nur mit dem Schwanz wedelt, sondern seinen gesamten, anscheinend extrem beweglichen Körper nach rechts und links verbiegt: So ein Hund kann trotz allem Verspannungen im Schulterbereich und hinterem Rücken aufweisen, die jedoch nur durch Abtasten mit der Hand bzw. dem Handrücken erfühlt werden können. Dieser Typ Hund ist oft von überschäumendem Temperament und ein Spätentwickler. Er kann sich nur schwer über längere Zeit konzentrieren und neigt zum „Herumalbern“, wenn er unter Druck steht.

... und sich auf den Rücken zu drehen ist für Hunde sehr wichtig. Auf diese Art wird Stress abgebaut.

Anzeichen für Verspannungen

Bei Hunden mit Verspannungen im Rückenbereich können folgende Symptome auftreten:

- Schwierigkeiten beim Ein- und Aussteigen ins Auto
- Abneigung gegen Trockenreiben mit dem Handtuch
- Abneigung gegen Fellpflege
- Aggressives Verhalten beim Hochheben
- Angst vor dem Tierarzt
- Defensives Verhalten, wenn man den Hund auffordert, seinen Korb zu verlassen
- Nervöses Verhalten in Gegenwart von Kindern
- Probleme, das Gewicht zu halten
- Übermäßiger Beschützerinstinkt
- Ziehen an der Leine oder widerwilliges Spazierengehen
- Übermäßiges Bellen
- Hin und her laufen
- „Krabbengang“ (Körper ist entgegen der Laufrichtung gekrümmt)

Ein abgehackter Gang mit kleinen Schritten wird oft von einer verspannten Rute begleitet.

Verspannungen in der Lendenwirbelsäule können sexuelles Verhalten auslösen, wenn der Hund in diesem Bereich gestreichelt oder berührt wird.

Samuel Whiskers

Samuel Whiskers ist ein fünfjähriger Mischlingsrüde. Er gehört Sarah Whiffen, einer Mitarbeiterin im Battersea Old Windsor-Tierheim. Sam wurde 2,5-jährig als Streuner aufgegriffen und kam ins Battersea-Tierheim. Als Sarah ihn zum ersten Mal sah, hatte Sam Wunden am Hals, die von den Zähnen eines großen Hundes stammten. Im Zwinger verhielt er sich extrem nervös und gestresst – drehte sich im Kreis und hüpfte in die Luft. Sam hatte Glück, weil er bereits nach wenigen Tagen im Tierheim von Sarah aufgenommen wurde.

Sam Whiskers ist intelligent, liebevoll und sehr lustig, andererseits aber auch extrem nervös, hyperaktiv und misstrauisch gegenüber Fremden. Er ist anhänglich und benötigt ständig die Sicherheit durch menschlichen Körperkontakt. Fremde – auch Besucher seines neuen Heims – sprang er an und verbellte sie und Artgenossen gegenüber war sein Verhalten unberechenbar. Damit Sam Vertrauen aufbauen kann, besucht Sarah wöchentlich mit ihm das Training. Dies war ein entscheidender Schritt, damit er seine Angst vor fremden Menschen und Hunden überwinden konnte.

Beobachtungen an Sam

Sarah hatte bereits einige meiner TTouch-Workshops in Battersea besucht. Sie kann wundervoll mit Hunden umgehen und besitzt eine natürliche Gabe für die Arbeit mit unglücklichen Tieren. Sam hatte schon einen so langen Weg zurückgelegt, stand aber offensichtlich immer noch unter Stress, sodass Sarah mich um Einzelunterricht für Sam bat. Da mir das Battersea-Tierheim erlaubt hatte, Fotos seiner Hunde in diesem Buch zu verwenden, machte ich den Vorschlag, Sam am Foto-Shooting teilnehmen zu lassen.

Als Sam zum Shooting in den Garten kam, zog er Sarah auf dem Rasen herum und bellte Bob, unseren fantastischen Fotografen, wütend an. Sam wollte unbedingt in der Nähe von Sarahs Partner bleiben und war so aufgeregt, dass er unaufhörlich schnüffelte und urinierte.

Sam besaß am Schwanzansatz eine Stelle, wo sich seine Haare aufstellten, was bei aggressiven Hunden oft vorkommt.

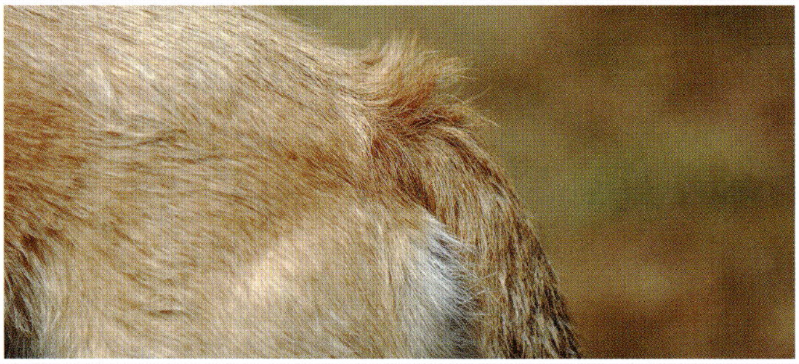

Als Sam zum ersten Mal in den Garten kam, zog er Sarah über den ganzen Rasen.

Berührungen in einem bestimmten Bereich des Rückens brachten Sam dazu ...

... aufzuspringen und wütend zu bellen.

Sein Körper war starr und sein Blick hart und intensiv – alles Anzeichen für extremen Stress. Als Sarah damit begann, ihn mit der flachen Hand vorsichtig zu untersuchen, stellten wir fest, dass Sam Berührungen an seinem Bart und an der Schnauze nicht mochte und Sarahs Hand jedesmal mit der Pfote wegschubste, wenn sie sein Gesicht anfassen wollte. Sarah bestätigte, dass Sam es noch nie leiden konnte, wenn man ihn an der Schnauze berührte, was typisch für Hunde ist, die viel bellen und ein sensibles Wesen haben.

Sarah entdeckte außerdem einen „Hot Spot" auf der Rückenmitte. An dieser Stelle standen die Haare vom Körper ab und fühlten sich rauer an; eine weitere Stelle von struppigen Haaren fand sich am Schwanzansatz.

Es ist überaus wichtig, dass die Untersuchung mit der flachen Hand ohne jegliche Eile geschieht und dass der Besitzer genau auf die Reaktionen des Hundes achtet, um diejenigen Bereiche ausfindig zu machen, die Grund zur Sorge geben.

Als Sarah langsam und vorsichtig über Sams Körper strich, bemerkte sie, dass, wenn sie einen ganz bestimmten Bereich des Rückens berührte, Sam sofort aufsprang und wütend bellte. Um Sam, der wie wild bellte, zu beruhigen, riet ich Sarah zu sanften Rückenhebungen (s. S. 112), um seine Rückenlinie zu entspannen und zu lockern. Es ist viel wirkungsvoller, die Körperhaltung eines Hundes zu ändern statt sein Verhalten – vorausgesetzt, er lässt sich anfassen, wenn er aufgeregt ist.

Sanfte Rückenhebungen halfen dabei, Sams Rückenlinie zu entspannen und zu lockern, sodass er sich allmählich beruhigte.

Ich freute mich über das, was Sarah bei ihrer Untersuchung gesehen bzw. erfühlt hatte, weil es genau zu seinem Verhaltensmuster passte. Die Beobachtungen vermittelten Sarah nicht nur ein klares Bild darüber, wie die Arbeit mit Sam aussehen würde, sondern dienten auch als „Barometer" für seine Fortschritte. In dem Maße, wie sich Fell und Körperhaltung änderten, sollte sich auch sein Verhalten bessern.

Hilfe für Sam

Während der zwei Unterrichtseinheiten gingen bemerkenswerte Veränderungen mit Sam vor. Er war sichtlich entspannter, wenn Sarah seinen Rücken berührte und die Verspannungen in den Hinterläufen nahmen allmählich ab. Sarah wendete bei Sam den Wolken-Leopard TTouch an (S. 96) und konnte so an Sams Schnauze und Bart arbeiten, um ihn auf das Tragen eines Gummibandes vorzubereiten (s. S. 100). Sobald sich Sam an das Gummiband gewöhnt hatte, bekam er ein Kopfhalfter angelegt (s. S. 84). Für den Rehabilitationsprozess ist es äußerst wichtig, den Hund schrittweise auf das Tragen eines Kopfhalfters vorzubereiten. Mit Hilfe eines Kopfhalfters können Sie den Kopf Ihres Hundes sanft von jedem Reiz, der Stress verursacht, abwenden – und so den Hund beruhigen. Der Hund lernt schnell, dass er die Möglichkeit hat, bei einer Bedrohung einfach wegzuschauen.

Nach etwas Leinenarbeit, bei der ich Sarah zeigte, wie sie an Sams Schulter zu gehen hat, um ihn in „S-Form“ herum zu führen, hörte Sam auf, an der Leine zu ziehen und rannte nicht mehr zu Sarahs Partner, um sich Bestätigung einzuholen. Eine der augenfälligsten Veränderungen war jedoch die Ruhe. Statt alles anzustarren bzw. anzubellen, was sich in seiner Sichtweite befand, war Sam nun in der Lage, ruhig und gelassen im Garten umherzublicken. Das ständige Bedürfnis nach Aktivität wich einer heiteren Zufriedenheit.

Sam hat noch einen weiten Weg vor sich, doch die Verhaltensänderungen, die wir in jenen zwei Tagen feststellten, sind äußerst viel versprechend. Sarah hat viele neue Techniken erlernt, mit denen sie ihrem Hund helfen kann – und das Schöne daran ist, dass sie all diese Veränderungen selbst herbeigeführt hat! TTouches bieten viele Auswahlmöglichkeiten und das macht Hoffnung. Da zahlreiche Verhaltensweisen in Zusammenhang zueinander stehen, benötigt man keine stundenlange Arbeit, um die Reaktionen eines Hundes in bestimmten Situationen zu ändern. Man braucht dazu nur Verständnis, Geduld und den Wunsch, etwas im Leben des Hundes zu verbessern.

Sam entspannte sich mehr und mehr ...

... und gestattete Sarah Berührungen an Maul und Bart.

Durch das Tragen eines Kopfhalfters und einem Wechsel von Sarahs Leinenführung verbesserten sich Sams Konzentration und Gleichgewicht.

Aus Sarah Whiffens Sicht

Während der Unterrichtseinheiten an zwei aufeinander folgenden Tagen, an denen ich unter Sarahs Anleitung mit Sam arbeitete, konnte ich tatsächlich Veränderungen bewirken. Hätte ich die Verbesserungen an seinem Körper nicht mit eigenen Augen und unerfahrenen Händen gesehen bzw. erfühlt, dann hätte ich nie geglaubt, dass so ein Erfolg über Nacht möglich ist. Ich konnte Bereiche an

Sam konnte nun einfach dasitzen und seine Umgebung genießen. Er beobachtete ruhig einen Vogelschwarm, der über seinen Kopf hinweg flog, ohne gleich alles anzubellen.

Sarah konnte Stellen an Sams Körper berühren, die sie noch nie zuvor anfassen durfte.

Am Ende der Sitzung saß Sam tatsächlich auf seiner rechten Hüfte – seit zweieinhalb Jahren war es seine Gewohnheit gewesen, sich auf die linke Hüfte zu setzen.

Sams Körper berühren, die ich zuvor nie anfassen durfte. Seine Körperhaltung war entspannt und alle Anzeichen von Angst waren aus seinen Augen verschwunden. Zum ersten Mal in zweieinhalb Jahren konnte er beim Sitzen sein Gewicht auf die rechte statt die linke Hüfte verlagern.

Nach dem zweiten Morgentraining, verbrachte Sam den Rest des Tages ruhig und zufrieden, ohne seine üblichen völlig überdrehten Aktivitäten. Nach einigen Tagen waren seine Reaktionen auf bestimmte Reaktionen längst nicht mehr so stark wie bisher. Sam ließ selbst einen Handwerker unser Haus betreten, ohne völlig „auszuflippen"!

Früher konnte Sam nicht fressen, wenn nicht wenigstens ein Familienmitglied daneben stand, nach den TTouch-Sitzungen war er plötzlich in der Lage, sein Abendessen auch allein einzunehmen. Ein Haarbüschel auf seinem Rücken, an dem ich zu Hause weitergearbeitet hatte, lag nun wieder flach am Körper an. Sam beruhigt sich sofort, wenn man ihm das Gummiband anlegt – sehr zum Erstaunen der übrigen Familienmitglieder. Und er verlangt täglich nach einer TTouch-Sitzung, bei der ich jetzt auch an seinem Bart und in seinem Maul arbeiten kann. Wir sind alle sehr stolz auf ihn und blicken voller Zuversicht in die Zukunft.

Rippen, Bauch und Flanken

Diese Bereiche werden oft vernachlässigt. Magenprobleme können jedoch in Zusammenhang stehen mit Trennungsangst, extremer Anhänglichkeit, Darmstörungen, Kummer und Empfindlichkeit. Verspannungen in diesem Bereich können auch durch Rückenprobleme hervorgerufen werden. Die Färbung des Bauches kann Aufschluss über den Stress-Level eines Hundes geben, da die Haut bei hyperaktiven Hunden bzw. solchen, die eine Allergie haben, dort meist rosa bzw. rot erscheint und sich warm anfühlt. Hunde mit Verspannungen im Bereich der Rippen, Flanken und des Magens mögen es nicht, wenn man sie hoch hebt, mit dem Handtuch abtrocknet oder wenn sie ein Brustgeschirr tragen sollen. Es kann außerdem sein, dass sie sich nicht gern einen Vorder- bzw. Hinterlauf anheben lassen und beim Schlafen eine bestimmte Seite bevorzugen. Der zur Rute hin verlaufende Bereich des Brustkorbs kann bei

Anzeichen für Verspannungen in Rippen, Bauch und Flanken

Bei Hunden mit Verspannungen in den Rippen, Flanken und im Bauch können folgende Symptome auftreten:

- Verspannungen im Schulterbereich und in den Hinterläufen
- Eifersucht und übermäßiger Beschützerinstinkt
- Nimmt nur schwer an Gewicht zu bzw. leicht an Gewicht ab
- Mangel an Konzentration
- Zwanghaftes Verhaltensmuster
- Extrem unterwürfiges Verhalten

Verspannungen an Rippen und Bauch treten oft bei hyperaktiven Hunden auf.

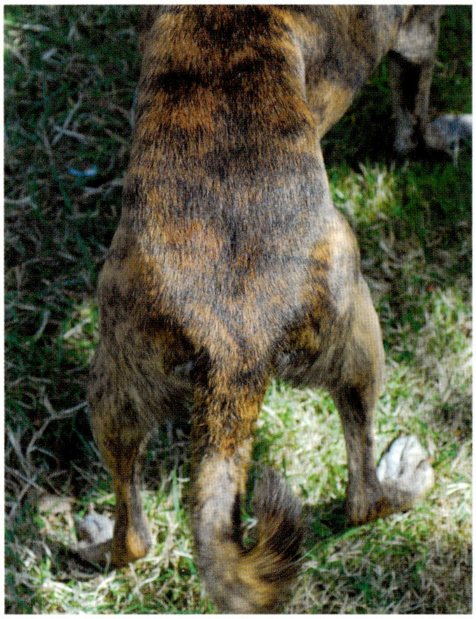

Dieser Hund ist stark auf eine Körperseite fixiert und hält beim Stehen den Körper gekrümmt.

Es überrascht nicht, dass dieser Hund empfindlich auf Berührungen an der Brustkorbspitze reagiert.

TTouches im Bereich des Brustkorbs helfen, Bauch und Rücken zu entspannen und die Körperhaltung zu verbessern.

manchen Hunden sehr empfindlich sein und bei Berührung aggressive Verhaltensweisen auslösen. Hunde, die permanent unter Stress stehen, weisen an Rippen und Flanken beidseitig ein trockenes Fell auf. Sie können außerdem sehr geräuschempfindlich sein und hecheln bzw. sabbern. Sie mögen keine Berührungen in der Körpermitte und haben Probleme, die Rückenlinie zu strecken bzw. locker zu lassen. Rippen- und Rückenverspannungen gehen oft Hand in Hand und können die Fähigkeit des Hundes, den Körper zu biegen, deutlich einschränken.

Hinterläufe und Rute

Hunde mit wenig Selbstvertrauen weisen häufig Verspannungen in den Hinterläufen auf. Sie sind extrem geräuschempfindlich und haben Probleme beim Autofahren, weil ihr Gleichgewichtssinn durch Verspannungen in Hüfte und Becken beeinträchtigt ist. Damit verbundene Beschwerden wie Hüftdysplasie und Arthrose können die Toleranzschwelle des Hundes in Alltagssituationen herabsetzen. Verspannungen im Bereich des unteren Rückens und der Hinterläufe können den Flucht-/Kampfreflex auslösen. Treten Verspannungen an anderen Stellen des Rückens auf, dann bildet sich oberhalb der Rute häufig eine kleine „Delle", wo die Haare aufgestellt sind.

Allergien oder unzureichende Ernährung können die Hinterläufe sensibilisieren, was häufig bei „überdrehten" Hunden zu finden ist. Hunde, die normalerweise ein aggressives Verhalten gegenüber Menschen und/oder Artgenossen an den Tag legen, sind oft steif in den Knien. Obgleich diese Körperhaltung oft mit dem natürlichen Körperbau des Hundes zusammenhängt, können Körper- und Bodenarbeit helfen, die Beweglichkeit in den Hinterläufen zu verbessern und die Auswirkungen dieser Haltung auf den restlichen Körper zu verringern.

Haltung der Rute

Ein Hund, der permanent mit seiner Rute wedelt, ist nicht unbedingt glücklich: Die Ursache dafür können Verspannungen im Rücken und in

Hunde mit Verspannungen in den Hinterläufen fahren oft nicht gern Auto.

Oft verursachen Berührungen an der Rute Stress.

Eine hoch aufgestellte Rute und ein hoch getragener Kopf gehen oft Hand in Hand.

den Hinterläufen sein, die oft von übermäßigem Bellen und nervösem Verhalten begleitet werden. Ist der Rutenansatz verspannt, dann kann sich der Hund eventuell nicht mehr richtig hinsetzen: Er bleibt dann lieber stehen oder setzt sich auf eine Hüfte, um die Rute zu entlasten.

Hunde mit kupierter Rute können Verspannungen im Beckenbereich aufweisen und mit den Hinterläufen „hüpfen". Wegen der Kürze der verbleibenden Rute kann ihnen das Sitzen unangenehm sein.

Eine hoch aufgestellte Rute geht meist mit einem hoch getragenen Kopf sowie einem verspannten oder steifen Rücken (s. S. 64) einher. Es handelt sich dabei häufig um Hunde, die in Bezug auf Menschen und Artgenossen leicht erregbar sind und überreagieren. Hunde, die jedoch von Natur aus diese Körperhaltung einnehmen, können auch ein eher passives Wesen aufweisen und sich sowohl mit Menschen als auch anderen Hunden gut vertragen. Entgegen der landläufigen Meinung ist diese Haltung nicht immer Ausdruck für dominantes Verhalten.

Eine zwischen die Beine eingeklemmte Rute deutet auf einen ängstlichen Hund hin. Dabei kann es sich um einen sogenannten Angstbeißer handeln, der schnell „zuschnappt" und dann den Rückzug antritt. Die Redensart „den Schwanz einziehen" gilt also auch für Hunde, die häufig ihre Rute zwischen die Beine klemmen und dann die Flucht antreten.

Anzeichen für Verspannungen in den Hinterläufen und der Rute

Bei Hunden mit Verspannungen in den Hinterläufen und in der Rute können folgende Symptome auftreten:

- Abneigung ins Auto zu springen
- Probleme sich im Auto zu entspannen
- Angst vor Donner, Feuerwerk, klingelnden Telefonen, Waschmaschinen usw.
- Aggression gegenüber fremden Hunden oder Menschen
- Abneigung gegen Bewegungen hinter ihrem Rücken
- Kalte Pfoten und Ohrspitzen
- Neigung, sich unter Tischen, Stühlen, Betten usw. zu verstecken bzw. zurückzuziehen
- Widerwillige Paarungsbereitschaft
- Abneigung gegen Temperatur messen
- Urinieren aus Angst

Solchen Hunden bereitet es oft Schwierigkeiten, auf einer geraden Linie zu gehen: Wenn sie an der Leine laufen, dann biegen sie ihren Körper kurvenförmig und lehnen sich in die entgegengesetzte Richtung des Hundeführers.

Bei manchen Hunden hängt die Rute locker herab, was einen sehr entspannten Eindruck vermittelt, jedoch auch auf einen distanzierten, in sich gekehrten bzw. desinteressierten Hund hindeuten kann oder auf einen Hund mit Verspannungen in der Rückenmitte und/oder im Beckenbereich.

Es gibt einen Zusammenhang zwischen Rücken und Rute. Der Rutenansatz steht für Hals- und Schulteransatz, der mittlere Rutenabschnitt für die Rückenmitte und die Spitze der Rute ist mit dem Becken verbunden. Liegt eine Verletzung der Wirbelsäule vor, dann sind oft die entsprechenden Schwanzwirbel mitbeteiligt. Durch langsame, überlegte Arbeit mit der Rute lassen sich sowohl Gang als auch Verhalten verbessern.

Chili hat von Geburt an deformierte Pfoten. Die Form seiner Ballen steht in Zusammenhang mit der Form seiner Pfoten und Zehen.

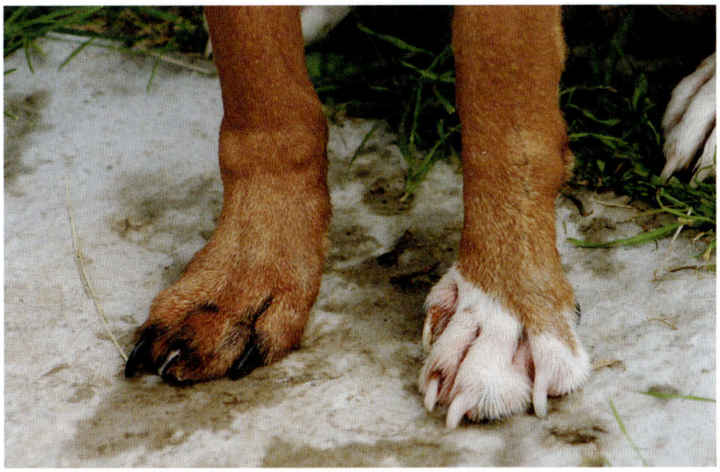

Pfoten

Kalte Unterschenkel bzw. Ballen können ein Anzeichen für Nervosität sein. Wenn sich ein Mensch über irgendetwas beunruhigt, dann sagt man „er bekommt kalte Füße“: Das Gleiche gilt auch für Hunde.

Kalte Pfoten können auch ein Hinweis darauf sein, dass die Durchblutung in Unterschenkel und Pfoten nicht optimal funktioniert, was mit Verspannungen in Schulter und/oder Hinterläufen zusammenhängen kann. Damit verbunden können auch Probleme beim Reisen auftreten und eine Abneigung, zur Fellpflege oder Beurteilung auf einem Tisch zu stehen bzw. mit Agility-Geräten zu arbeiten, weil sich der Hund unsicher fühlt, sobald er sich auf einem erhöhten Untergrund befindet oder sich etwas unter seinen Pfoten bewegt.

Abgespreizte Zehen können die Folge einer Verletzung sein, aber auch Auskunft darüber geben, wie der Hund sein Gewicht auf die einzelnen Gliedmaßen verteilt. „Abgewetzte“ Krallen bzw. flachere, rundere, glänzendere Pfotenballen sind ein Hinweis auf eine ungleichmäßige Körperhaltung.

Anzeichen für Verspannungen

Bei Hunden mit Verspannungen in den Pfoten können folgende Symptome auftreten:

- Abneigung, über unterschiedliche Texturen zu gehen
- Abneigung, durch Wasser oder nasses Gras zu gehen
- Nervöses Verhalten beim Hochheben
- Geräuschempfindlichkeit
- „Nagen“ an den Pfoten
- Angstbeißen
- Zwanghafte Verhaltensweisen
- Trockenes Fell oder spärlicher Haarwuchs in weiten Bereichen

Schritt für Schritt zum ausgeglichenen Hund

Wenn Ihr Hund Verspannungen aufweist, wie sie im Kapitel „Beobachtungen am eigenen Hund“ beschrieben werden, dann können Sie mit der TTouch-Technik einiges tun, um eine Besserung herbeizuführen. Mit den TTouch-Körper- und Bodenübungen konnte schon unzähligen Hunden geholfen werden, ihre Gesundheits- und Verhaltensprobleme in den Griff zu bekommen.

Training und Verhalten

Hundetraining findet nicht nur in der Hundeschule statt: Jedesmal wenn wir einen Clicker oder eine Hundepfeife verwenden, die Tasche mit Leckerlis füllen oder unseren Hund anleinen, bringen wir ihm, bewusst oder unbewusst, etwas bei. Sie lernen durch Erfahrungen – sowohl positive als auch negative – und von den Menschen und Tieren, die sie umgeben.

Verständnis für den Hund

Man kann sehr leicht falsche Schlussfolgerungen ziehen, wenn es um das Verstehen von Hundeverhaltensweisen geht. Wenn z.B. ein Tierheimhund beim Anblick einer Person mit Mütze völlig „ausflippt", dann könnte der neue Besitzer daraus schließen, dass der Hund in der Vergangenheit einmal von einem Menschen mit Mütze misshandelt wurde. Doch das muss nicht unbedingt zutreffen. Das visuelle Bewusstsein ist bei Tieren viel stärker ausgeprägt als beim Menschen. Durch das Tragen einer Mütze ändern sich die Umrisse einer Person, sodass der Hund nicht mehr in der Lage ist, die Konturen, die er wahrnimmt, richtig zuzuordnen. Die Verarbeitung visueller Reize kann ebenfalls durch Verspannungen im oberen Halsbereich und durch die Augenstellung beeinflusst werden. Sie können Ihrem Hund zu mehr Selbstvertrauen und Selbstdisziplin verhelfen, indem Sie die Verspannungen im Halsbereich verringern, sein Körperbewusstsein verbessern und sein Selbstbewusstsein durch Körper- und Bodenarbeit stärken. Bei den Bodenübungen können Sie Ihren Hund – unabhängig von seinem Alter – zudem mit neuen Formen vertraut machen und somit seine Erfahrungen auf positive Weise erweitern.

Freude am Hund

Lebt Ihr Hund in einem Haushalt mit mehreren Personen, dann muss man zuerst einmal herausfinden, welches Hundeverhalten für wen noch akzeptabel ist. Manchen Menschen macht es nichts aus, wenn der Hund auf dem Sofa sitzt bzw. schläft oder wenn er zur Begrüßung an ihnen hochspringt. Für andere Menschen ist dieses Verhalten dagegen völlig inakzeptabel. Es kann den Hund sehr verwirren, wenn die einzelnen Familienmitglieder bezüglich seines Verhaltens unterschiedliche Erwartungen an ihn haben. Ich persönlich habe nichts dagegen, wenn meine Hunde auf der Couch schlafen. Genauso muss ich nicht immer als Erste durch eine Tür gehen, nur um dem Hund zu zeigen, wer hier das Sagen hat (wenn mein Hund wegen einer Magenverstimmung mitten in der Nacht dringend in den Garten muss und draußen ein Sturm tobt, dann bin ich gern bereit, ihn ohne meine Begleitung hinauszulassen). In meinem Haushalt leben mehrere Hunde und ich hatte nie das Problem, dass einer von ihnen auf die Idee gekommen wäre, den „Chef" zu spielen: Ich erwarte von ihnen, dass sie sich wie sozialverträgliche Mitglieder einer Gruppe verhalten und ich achte auf ihre Bedürfnisse.

Dennoch ist es sehr wichtig, dass jeder Hund einfache Befehle wie „Sitz", „Bleib", „Aus", „Weiter", „Komm" usw. beherrscht. Wenn diese Grundkommandos nicht von frühester Jugend an sitzen, dann können mit zunehmendem Alter Probleme auftreten. Lernen Sie so viel wie möglich über die einzelnen Entwicklungsstufen eines Hundes. Viele Hunde beginnen im Alter von ca. einem Jahr ihren Besitzer zu ignorieren – diese Phase ist ganz natürlich und kann mit Verständnis und Geduld leicht überwunden werden.

Maulkorb

Es lohnt sich, einen Hund an das Tragen eines Maulkorbs zu gewöhnen. Man kann nie wissen, ob man dieses Hilfsmittel nicht doch einmal einsetzen muss, denn selbst der folgsamste Hund kann sein Verhalten ändern, wenn er Schmerzen hat und vom Tierarzt untersucht werden muss. Führen Sie die Übungen zur Gewöhnung an das Nylonband durch (S. 100), bevor Sie Ihrem Hund einen Maulkorb anlegen und bringen Sie ihn mit Hilfe von Leckerlis und Clicker dazu, seine Schnauze ganz

Bereiten Sie Ihren Hund auf das Tragen eines Maulkorbs vor, indem Sie ihm ein Stück einfaches Gummiband anlegen, um ihn an das Gefühl zu gewöhnen, etwas fest am Kopf anliegen zu haben (mehr Informationen, s. S. 100).

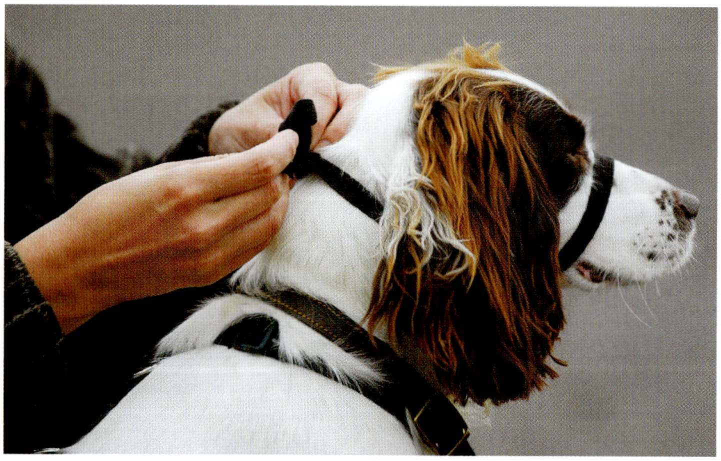

Reisen

Viele Hundehalter stellen fest, dass sie zur Lösung eines Problems keine spezifischen Hilfsmittel benötigen, wenn sie die TTouch-Techniken anwenden. So genügt es z.B., wenn Sie Ihrem Hund beibringen, über eine erhöhte Rampe zu gehen, damit er sich nicht mehr fürchtet, ins Auto zu springen.

Rechts: Sally fällt es schwer, in ein Auto zu springen (s. S. 71), zum Teil weil sie Verspannungen in den Hinterläufen aufweist. Tina zeigt ihr, wie sie über ein erhöhtes Brett gehen kann und behandelt sie mit TTouches an den Hinterläufen. Sallys Ausdruck macht deutlich, dass sie bei Berührungen in diesem Körperbereich nervös wird.

Ganz rechts: Die Veränderung ist drastisch: Kurze Zeit später traut sich Sally, die Rampe hinauf und über das Verbindungsbrett ins Auto zu gehen.

Sie sitzt völlig ausgeglichen im Auto und Tina belohnt sie mit einem Leckerli.

Das Verbindungsbrett bleibt als „Ausstiegshilfe" noch am Auto.

Sally springt mehrmals ins und aus dem Auto. Das Ein- und Aussteigen bereitet ihr nun sichtlich Freude.

selbstverständlich in den Maulkorb zu stecken. Auf diese Weise wird er keine Angst mehr haben, wenn er im Notfall doch einmal einen Maulkorb tragen muss.

Positiv oder negativ?

Wenn Sie sich mit Ihrem Hund beschäftigen, dann konzentrieren Sie sich darauf, welches Verhalten Sie sich von ihm wünschen und nicht darauf, welches unerwünscht ist. Setzen Sie ihm faire Grenzen, die er akzeptieren, erreichen und einhalten kann. Wenn Sie erreichen wollen, dass Ihr Hund seine Gewohnheiten ändert, dann müssen Sie unter Umständen erst Ihre eigenen Reaktionen ändern. Das ist nicht so einfach, wie es klingt: Sie werden dann jedoch besser verstehen, was für „Gewohnheitstiere" wir Menschen sind. Wahnsinn wird gemeinhin als „ständige Wiederholung der gleichen Handlung mit der Erwartung, ein unterschiedliches Ergebnis zu erzielen" definiert.

Viele Menschen haben eine genaue Vorstellung davon, wie sich ihr Hund ihrer Meinung nach verhalten soll. Fragt man sie aber, was sie tatsächlich von ihrem Hund erwarten, dann beschreiben sie meist die Verhaltensweise, die er ablegen soll. Formulieren Sie das Problem jedoch positiv, so schaffen Sie ein völlig anderes Bild und haben automatisch ein viel positiveres Gefühl, dass eine Lösung erreichbar ist.

Aggressives Verhalten gegenüber Menschen und Artgenossen

Hat Ihr Hund ernsthafte Probleme mit Menschen oder Artgenossen, dann sollten Sie professionelle Unterstützung in Form von Einzelunterricht suchen. Als Halter sind Sie für das Verhalten Ihres Hundes in der Öffentlichkeit verantwortlich. Auch hier kann die TTouch-Methode ein fester Bestandteil des Rehabilitationsprozesses sein.

Zeigt ein Hund aggressives Verhalten gegenüber Artgenossen, dann integrieren viele TTouch-Experten Hundeattrappen in ihr Trainingsprogramm. Hunde nehmen Umrisse und Formen viel mehr mit den Augen als mit der Nase wahr. Es kann sehr aufschlussreich sein, zu beobachten, wie ein Hund auf einen Artgenossen aus Plüsch reagiert. Die Mehrheit der Hunde wird sich wahrscheinlich genauso verhalten, als ob sie einem echten Hund gegenüber stünde. Man kann der Hundeattrappe ein Brustgeschirr anlegen, damit es so aussieht, als ob sie sich bewegen würde. Der Besitzer kann auf diese Weise besser begreifen, wie ängstlich sein Hund reagiert, wenn er auf einen Artgenossen trifft und das Selbstvertrauen bzw. die Selbstdisziplin seines Hundes stärken, da sich die Attrappe ja stets neutral verhält.

Eine Hundeattrappe eignet sich perfekt als Hilfsmittel für Hunde, die mit Artgenossen nicht zurechtkommen.

Plötzliche Verhaltensänderungen

Stellen Sie bei Ihrem Hund eine plötzliche Verhaltensänderung fest, müssen Sie nach der Ursache hierfür suchen. Dazu sollten Sie einen Tierarzt aufsuchen bzw. sich von ihm an einen Experten für ganzheitliche Therapie, wie z.B. Akupunktur, Homöopathie, McTimoney-Chiropraktik, kraniosakrale Therapie, Hydrotherapie usw. überweisen lassen. Mit Hilfe der Informationen aus dem Kapitel „Beobachtungen am eigenen Hund" (S. 40–73) können Sie selbst nach den möglichen Ursachen forschen und wenn möglich ändern. Die Körper- und Bodenübungen wenden Sie an, um die Erwartungshaltung Ihres Hundes bzw. seine negativen Assoziationen in Verbindung mit bestimmten Reizen zu ändern.

Trainingsmethoden

Sowohl die Erziehung von Menschen als auch von Hunden basiert auf Motivation und Belohnung. Das Training sollte die Beziehung zwischen Hund und Halter stärken. Und vor allem sollte es allen Beteiligten Spaß machen. Traurigerweise gibt es immer noch Befürworter von Bestrafung und negativer Bestärkung. Es gibt keine Entschuldigung für den Einsatz von Methoden, die auf Schmerz und Angst basieren. Sie sind nicht nur grausam, sondern oft auch völlig wirkungslos, weil Angst und Schmerzen jedes Lebewesen am Lernen hindern. Grobe Erziehungsmethoden, wie z.B. einen Hund schlagen, wenn er etwas Unerwünschtes getan hat, können zu noch aggressiverem Verhalten führen und die Situation gefährlich eskalieren lassen. Wenn sich ein Hund einem Befehl widersetzt, dann tut er das nie, um seinen Besitzer zu ärgern, sondern weil er Schmerzen oder Angst hat oder nicht versteht, was man von ihm verlangt, weil er widersprüchliche Signale oder keine Motivation erhält oder die in Aussicht gestellte Belohnung nicht ausreicht, dass er dafür sein Verhalten einstellt. Falls erforderlich, muss man dem Problem mit professioneller Unterstützung auf den Grund gehen und nicht nur versuchen, das Verhalten zu stoppen.

Auswahl des Trainers bzw. der Trainingsmethode

Die Auswahl eines Trainers und einer Trainingsmethode ist für den Hund genauso wichtig wie jeder andere Aspekt artgerechter Haltung. Denken Sie daran, dass Sie die Vergangenheit nicht ändern, die Zukunft aber gestalten können.

Wenn Sie sich ein Video, eine Vorführung oder eine Fernsehsendung anschauen bzw. den Unterricht in einer Hundeschule oder bei einem privaten Trainer beobachten, dann stellen Sie sich die folgenden Fragen, um herauszufinden, welche Methode für Sie die richtige ist:

- Stimmt das, was der Trainer sagt, und das, was er tut, überein?
- Wenn Sie sich an die Stelle des Hundes versetzen könnten, wie würden Sie sich dann fühlen und was würden Sie aus dieser Erfahrung lernen?
- Was sagt Ihnen Ihr Bauchgefühl bzw. Ihr Herz, wenn Sie beobachten, wie die Hunde behandelt werden?
- Würden Sie es genauso machen?
- Erwecken die Hunde den Eindruck, als ob es ihnen Freude machen würde?
- Was macht der Trainer, wenn ein Hund nicht tut, was man von ihm verlangt? Hat er eine Alternative parat bzw. probiert er eine andere Methode aus? Gestaltet er das Training für den Hund leichter, damit dieser versteht, was man von ihm erwartet? Gönnt er dem Hund eine Pause oder spielt mit ihm? Oder aber bestraft er den Hund und wiederholt dieselbe Übung, nur noch härter?

Wenn Sie den Trainer auf Video, DVD oder im Fernsehen beobachten, dann schalten Sie einmal den Ton ab; bei einer Vorführung verfolgen Sie die Handlungen des Trainers mit zugehaltenen Ohren. Es kann sehr aufschlussreich sein, den Ausdruck bzw. die Reaktionen des Hundes zu sehen, ohne durch Worte und Geräusche abgelenkt zu werden.

Körper- und Bodenübungen

Körperarbeit (d.h. bestimmte, passive Bewegungen von Haut, Beinen, Rute und Ohren) wird zum Lösen von Verspannungen, Lockerung steifer Gelenke, Verbesserung der Durchblutung, Steigerung des Körperbewusstseins, der Beweglichkeit und Leistungsfähigkeit eingesetzt. Der Hund kann auf diese Weise seine Berührungsängste überwinden, seine Erwartungshaltung und sein Schmerzgedächtnis ändern und leichter erziehbar bzw. umgänglicher werden. Durch die Körperübungen wird außerdem das parasympathische Nervensystem aktiviert (S. 14), rhythmisches, tiefes Atmen gefördert, die sensorische Integration verbessert, Stress reduziert sowie Leistungsfähigkeit und Wohlbefinden des Hundes gesteigert. Die Körperarbeit schafft zudem eine enge Beziehung zwischen Hund und Halter.

Die Bodenübungen (langsame, überlegte Bewegungen an der Leine) verhelfen dem Hund zu mehr Beweglichkeit und Gleichgewicht. Sie schaffen ein solides Fundament für Trainings- und Leistungsarbeit, weil der Hund dadurch echtes Selbstvertrauen erhält. Der Hund lernt, seinen Körper auf effizientere Weise zu bewegen, ohne ein bzw. mehrere Gelenke unnötig stark zu belasten. Verspannungen werden gelockert, Konzentration und Gehorsam gefördert und die Koordination verbessert. Durch die Bodenarbeit wird der Hund aktiv statt reaktiv.

Zehn Minuten Bodenarbeit können für einen Tierheimhund oder einen Hund mit wenig Auslauf nutzbringender sein als 20 Minuten Herumtollen – welches das Verhalten von leicht erregbaren Hunden noch verschlimmern kann. Hunde, die unter so extremem Stress stehen, dass sie Berührungen nicht ertragen, können durch die Bodenarbeit erfolgreich rehabilitiert werden. Nach ein bis zwei Unterrichtseinheiten, in denen der Hund über Stangen (S. 115 und 121) bzw. unterschiedliche Oberflächen (S. 120) gehen muss, sind die Veränderungen in Körperhaltung und Verhalten oft so signifikant, dass man langsam zur Körperarbeit übergehen kann. Die dazwischen liegende Zeitspanne variiert von Hund zu Hund.

Belle von Fiona Habershon

Die dreijährige Saluki-/Pointer-Mischlingshündin Belle stammt aus dem Tierheim. Das Erste, was ich an ihr bemerkte, als ich sie zu mir nach Hause holte, war, dass sie jeglichen Augenkontakt vermied und bei jeder Handbewegung zusammenzuckte, als ob sie erwartete geschlagen zu werden. Ihre Rute war stets zwischen den Hinterläufen eingeklemmt und sie ließ den Kopf hängen. Sie erlaubte mir zwar, sie anzufassen, war aber immer „auf dem Sprung". Man konnte ihre Angst förmlich spüren.

Ich machte gerade eine Ausbildung zur Hundetrainerin und Verhaltensforscherin und wusste, dass ich mit ihr in Augenkontakt treten musste, bevor ich irgendeine Art von Training mit ihr beginnen konnte. Ich musste Belles Vertrauen gewinnen.

Zufällig las ich einen Artikel über Tellington TTouch und je mehr ich darüber erfuhr, desto klarer wurde mir, dass sich diese Methode nahtlos in mein Training einfügen würde. Also beschloss ich, die TTouches zu erlernen.

Als ich zwei Workshops absolviert hatte, fühlte ich mich in der Lage, die TTouches an Belle anzuwenden und – BINGO! Nach nur einer Sitzung konnte sie mir direkt in die Augen sehen. Ich führte nun jeden Tag drei 5 bis 10 Minuten dauernde Sitzungen durch und der Augenkontakt wurde immer länger. Sie begann mir zuzuhören und bereits zwei Wochen später hatte sich ihr Verhalten drastisch verbessert, sodass sie nicht mehr zusammenzuckte.

Die zwischen uns entstandene Beziehung ist einfach unbeschreiblich. Die TTouch-Technik hat einen Weg aufgezeigt, wie wir beide weit über das Standard-Training hinaus miteinander kommunizieren können.

Spezielle Hinweise

Die in diesem Buch beschriebenen Übungen eignen sich für Hunde aller Altersstufen, Größen und Rassen. Achten Sie jedoch darauf, die Unterrichtseinheiten auf den jeweiligen Hund „zuzuschneiden" und beobachten Sie die Reaktionen Ihres Hundes genau. Bestehen Sie nicht auf etwas, was ihm Stress verursacht.

Welpen

- Welpen haben eine kurze Konzentrationsspanne und ermüden schnell. Arbeiten Sie lieber öfter und kürzer und gestalten Sie die Sitzungen abwechslungsreich.
- Der Welpe sollte sich daran gewöhnen, dass seine körperliche Bewegungsfreiheit eingeschränkt wird: Setzen Sie sich dazu auf den Boden und halten Sie den Welpen zwischen Ihren Beinen fest. Er sollte den Blick nach vorn (d.h. von Ihnen abgewandt) gerichtet haben, sodass Sie ihn mit den Händen am Brustkorb abstützen und mit den Fingern die Haut über seinen Schultern bewegen können. Während sie ihn mit einer Hand abstützen, „arbeiten" Sie mit der anderen Hand sanft über Brustkorb, Hals, Kopf, Schnauze und Gesicht.

Ein Welpe muss lernen, mit einer Einschränkung seiner Bewegungsfreiheit zurechtzukommen. Üben Sie dies in kurzen Sitzungen, abwechselnd mit TTouch-Arbeit, Clicker-Training und Spiel.

- Wird Ihr Welpe dabei unruhig, dann beenden Sie die Arbeit nach ca. 30 Sekunden und lassen ihn dann frei. Wiederholen Sie diese Übung mehrmals, legen Sie jedoch immer wieder Unterbrechungen mit Clicker-Training, Bodenarbeit und/oder Spielen ein. Wenn der Welpe die Körperübungen sichtlich genießt, dann können Sie sie auf seinen ganzen Körper, einschließlich Pfoten, ausweiten – die Sitzungen sollten jedoch immer nur kurz sein. Kauen und Beißen sind natürliche Reaktionen eines Welpen, wenn er jedoch wirklich fest und wie rasend zubeißt und dazu noch knurrt bzw. schreit, dann beunruhigt ihn etwas. Wenn er herumzappelt, dann gehen Sie mit seinen Bewegungen mit, ohne ihn gewaltsam festzuhalten. Sollte sich die Situation nicht

Gönnen Sie Ihrem Welpen viele Pausen und ausreichend Zeit zum Spielen.

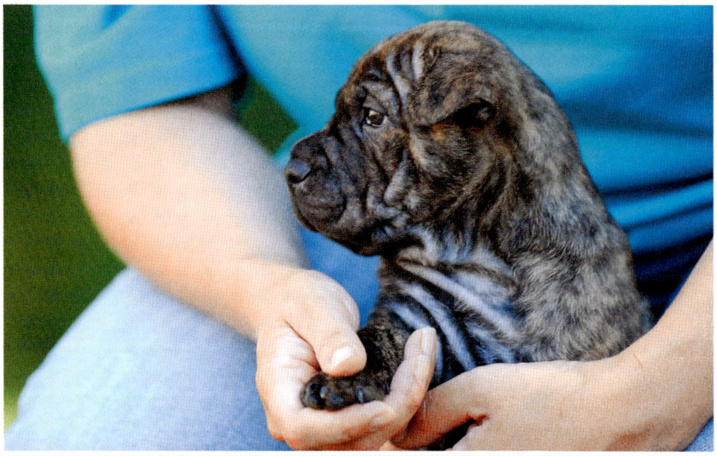

Arbeiten Sie am gesamten Körper des Welpen, einschließlich seiner Pfoten.

Massieren Sie mit den Fingerspitzen sanft über Maul und Zahnfleisch des Welpen.

bessern, dann suchen Sie einen TTouch-Experten auf, der sich mit Ihrem Welpen im Einzelunterricht beschäftigt.

- Die Bodenarbeit bringt Abwechslung in die Arbeit mit der Leine und kann für einen Welpen mental stimulierend wirken. Das Gehen über unterschiedliche Oberflächen und Rampen ist ein wesentlicher Bestandteil in der Entwicklung eines Welpen.

Kinder und Hunde

- Wenn man Kindern einige einfache TTouches wie z.B. den Wolken-Leopard- oder Schimpansen-TTouch (S. 95–97) beibringt, gibt man ihnen damit die Möglichkeit, auf sanfte Art mit ihrem Tier zu kommunizieren. Durch TTouch lernen die Kinder, behutsamer und einfühlsamer mit Hunden umzugehen und sie zu respektieren. Außerdem wird die Fingerfertigkeit bzw. Selbstdisziplin der Kinder gefördert.

Das Gehen über unterschiedliche Oberflächen ist ein wesentlicher Bestandteil in der Entwicklung eines Welpen.

Durch TTouches lernen Kinder, behutsamer und einfühlsamer mit ihren Tieren umzugehen.

Jenna genießt ganz offensichtlich das Ohrstreichen, das Ben erlernt hat.

Spezielle Hinweise (Fortsetzung)

Hundesenioren

- Die Mehrzahl der in diesem Kapitel beschriebenen Übungen kann Ihrem treuen Freund helfen, auch im Alter glücklich und aktiv zu bleiben. Höher gelegte Stangen eignen sich nicht gerade für Hunde mit Gelenkproblemen, doch jede andere Art der Bodenarbeit, wie z.B. das Labyrinth (S. 118), kann eine bedeutende Rolle spielen, den Gleichgewichtssinn bzw. die Propriozeption eines älteren Hundes zu erhalten. Die Bodenübungen wirken stimulierend, ohne Herz und Körper übermäßig zu belasten und bringen Abwechslung in die tägliche Routine.
- Manche Hunde reagieren mit der Zeit empfindlicher auf Handkontakt, weil sich ihr Muskeltonus ändert. Ein Fausthandschuh aus Schafwolle, wie er eigentlich zur Pferdepflege verwendet wird, kann bei Ausführung der TTouches eingesetzt werden (S. 95). Das Beinkreisen (S. 109) führt man am besten im Liegen durch, damit der Hund nicht umfällt bzw. sich unwohl fühlt.
- Auch mit Hilfe von Akupressur-Punkten lässt sich ein älterer Hund beruhigen, wenn er mit zunehmendem Alter erste Anzeichen von Ängstlichkeit zeigt, besonders wenn ein Umzug oder eine sonstige Veränderung, wie z.B. die Ankunft eines Babys oder Welpen, ansteht. Der Name „Akupressur" (Pressure = Druck) ist leicht irreführend, weil man die Fingerspitzen nur leicht auf die entsprechenden Punkte auflegt, um den Fluss des Qi (der Lebensenergie) anzuregen.

Mit einigen Minuten TTouch täglich können Sie jede Veränderung erkennen und das Gefühl der „Zweisamkeit" genießen.

Bodenarbeit ist für ältere Hunde oder körperlich eingeschränkte Hunde von unschätzbarem Wert.

Grundkenntnisse

Leinenarbeit, Übungen für Balance, Propriozeption und sensorische Integration, das halbe Körperband und TTouches – das sind die Grundfertigkeiten, die jedem Hund bzw. Besitzer im Alltag zugute kommen. Sie werden auf den folgenden Seiten beschrieben.

Leinenarbeit

Viele Hunde haben Schwierigkeiten, ordentlich an der Leine zu gehen: Sie ziehen, drehen sich im Kreis, springen hoch, laufen auf den Hinterbeinen und/oder werden noch aufgedrehter, wenn sie etwas begegnen, das sie beunruhigt.

Halsband und Leine können Ziehen auslösen.

Wenn auf das Halsband Druck ausgeübt wird, dann ändert sich die Balance des Hundes – hier verlagert der Hund sein Gleichgewicht auf den linken Hinterlauf.

Ein Beispiel für beidhändiges Führen mit Hilfe von Halsband und Kopfhalter.

Wenn man seinem Hund beibringt, beidhändig geführt an der Leine zu gehen, dann kann man damit oft eine wunderbare und sofortige Wirkung erzielen.

Ein Grund dafür, dass Hunde an der Leine ziehen bzw. ihr Verhalten an der Leine eskaliert, liegt darin, dass die Leine Auswirkungen auf ihr Gleichgewicht hat.

Körperliches, emotionales und mentales Gleichgewicht stehen in Beziehung zueinander. Wenn der Hund an der Leine geht, weiß er, dass er bei einem Ruck an seinem Hals stehen bleiben soll: Er hat nicht gelernt, wie er seinen Gang mit Hilfe seines Körpers verlangsamen bzw. anhalten kann, d.h. er hat nicht gelernt, seinen Körperschwerpunkt nach hinten zu verlagern. Da Hunde ihre Vorderläufe am stärksten belasten, neigen sie von Natur aus dazu, an der Leine zu ziehen. Allerdings kann das ständige An-der-Leine-Ziehen Schäden am Hundekörper anrichten: Probleme mit der Halswirbelsäule und ungleichmäßig ausbildete Muskulatur mit allen Folgen sind nur zwei Beispiele.

Angeleinte Hunde sind oft auch frustriert, weil sie keine Fluchtmöglichkeit haben und der auf das Halsband ausgeübte Druck Verspannungen im Nacken, in den Schultern, im Widerrist und Rücken hervorruft, die ihrerseits defensives Verhalten auslösen. Zum Glück gibt es mehrere Wege, Probleme bei der Leinenarbeit zu überwinden, ohne dazu harte Methoden anwenden zu müssen.

Beidhändiges Führen

Die TTouch-Führtechniken verbessern die Propriozeption und das Gleichgewicht und somit auch die Körperhaltung und das Verhalten eines Hundes. Wenn man seinem Hund beibringt, beidhändig geführt an der Leine zu gehen – d.h. es gibt zwei Berührungspunkte am Körper des Hundes, meist in Form einer Leine mit zwei Karabinern – kann man damit oft eine wunderbare, sofortige Wirkung erzielen. Es gibt viele Möglichkeiten, das beidhändige Führen einzusetzen, sodass man diese Führtechnik leicht dem jeweiligen Hund anpassen kann. Die Übungen helfen auch dem Halter, Verspannungen in Schultern und Rücken abzubauen und benötigen keine langjährige Erfahrung, um Wirkung zu zeigen.

Durch die TTouch-Leinenarbeit lernt der Hund auf die vom Hundeführer gegebenen Signale in einer Weise zu reagieren, die ihn weder physisch noch emotional aus dem Gleichgewicht bringt. Trägt der Hund ein Brustgeschirr kombiniert mit Halsband, dann ist das auch für seine eigene Sicherheit von Nutzen. Wenn er sich z.B. fürchtet bzw. ganz plötzlich zurückrennt, dann ist das Risiko geringer, dass er aus Halsband und Brustgeschirr schlüpfen kann. Das heißt auch, dass ein eng anliegendes Halsband nicht die einzige Option darstellt für einen Hund, dessen Hals breiter ist als sein Kopf.

Nur mit Halsband und Leine zieht Jess ihren Halter in alle Richtungen.

Durch das Tragen von Brustgeschirr und Halsband wird das Ziehen an der Leine verringert und sowohl Körperhaltung als auch Verhalten verbessert.

Die richtige Kombination für das beidhändige Führen

Für das beidhändige Führen kommen folgende Kombinationen in Frage:

- Kopfhalfter und Halsband
- Kopfhalfter und Brustgeschirr
- Halsband und Brustgeschirr
- Brustgeschirr, an dem die Leine an zwei Punkten befestigt wird
- Leinen-Brustgeschirr und Halsband

Um die beste Kombination für Ihren Hund herauszufinden, sollten Sie sich die Frage stellen, was Sie wirklich erreichen möchten und wie sich Ihr Hund an der Leine bewegt.

- Ist Ihr Hund auf Autos, Objekte, Menschen und/oder andere Tiere fixiert, dann eignet sich wahrscheinlich die Kombination aus Kopfhalfter und Brustgeschirr am besten, da Sie ihm damit beibringen können, sich von jedem Reiz, der ihm Stress bereitet, abzuwenden.
- Wenn sich Ihr Hund in sein Halsband stemmt oder Sie ihn ständig zurechtweisen müssen, dann ist die Kombination aus Halsband und Brustgeschirr oder eine Leine, die an zwei Punkten am Brustgeschirr befestigt wird, zu empfehlen.

Jess – mit Kopfhalfter und Brustgeschirr.

Position des Hundeführers

Abgesehen von der Ausstattung, die man verwendet, spielt noch ein weiterer Faktor eine wichtige Rolle beim Führen eines Hundes – nämlich Balance, Position und Körperbewusstsein des Hundeführers. Es braucht zwei, um an der Leine ziehen zu können. Sind Sie komplett verspannt bzw. gehen Sie hinter der Schulter des Hundes oder befinden Sie sich nicht im Gleichgewicht, dann wird sich auch Ihr Hund verspannen und wahrscheinlich noch stärker ziehen. Es ist dann auch für Sie schwieriger, die Körperhaltung des Hundes zu beeinflussen und jeder dahingehende Versuch wäre mit einer harschen Korrektur verbunden, anstelle von fließenden, leichten Bewegungen, die der Hund verarbeiten und begreifen kann. Der Hund erhält seine Signale, wie er sich bei Reizen bewegen bzw. reagieren soll, direkt von Ihnen: Er wird von Ihren Bewegungen bzw. der Richtung von Schultern, Hüften, Händen und Füßen beeinflusst. Wenn Sie stets auf Schulterhöhe mit Ihrem Hund bleiben, dann können Sie auch visuelle Informationen an ihn weiterleiten.

Ebenso ist es wichtig, an welcher Stelle der Leine sich Ihre Hand befindet. Bei einem festen Griff verspannen Sie sich in der Schulter und Ihr Hund zieht noch mehr an der Leine. Für jede Aktion gibt es eine entsprechende Reaktion: Der Hund kompensiert den ständigen Druck auf der Leine durch Ziehen, sodass man kaum unterscheiden kann, wer mit wem spazieren geht. Wenn Sie die Leine mit entspannten Fingern in Ihrer Handfläche halten, dann können Sie subtilere Signale aussenden.

Ist der Hundeführer angespannt oder geht er hinter dem Hund, dann verspannt sich der Hund im gesamten Schulterbereich.

Wenn Sie auf Schulterhöhe mit Ihrem Hund gehen, dann sind Ihre Bewegungen fließender und Sie können ihn beeinflussen anstatt ihn nur zu korrigieren.

Ausstreichen der Leine

Wenn Ihr Hund normalerweise tadellos an der Leine geht, nur ab und zu wie angewurzelt stehen bleibt bzw. erstarrt oder wenn Sie nur ein einfaches Halsband zur Verfügung haben, dann können Sie über die Leine streichen, um ihn zum Weitergehen oder Umdrehen zu bewegen. Um die größtmögliche Wirkung zu erzielen, sollten Sie Sie sich auf Schulterhöhe mit Ihrem Hund befinden. Sollte Sie aber versehentlich hinter ihm sein, dann können Sie ihn mit dieser Methode dazu veranlassen, langsamer zu gehen und sich dabei wieder in die richtige Position bringen. Diese Methode ist in ihrer Anwendung viel effektiver und für den Hund angenehmer als die weit verbreitete „Leinenruck-Methode".

- Stellen Sie sich parallel zur Schulter Ihres Hundes auf, während Ihr Körper leicht von ihm abgewendet ist. Achten Sie darauf, dass der Abstand zwischen Ihnen und dem Hund groß genug ist, dass er sich umdrehen kann. Halten Sie Ihre Knie, Hüften und Schultern locker. Sobald Sie sich verspannen, werden Sie nicht die gewünschte Wirkung erzielen.
- Halten Sie die Leine in beiden Händen (die Hände sollten sich in einem Abstand von ca. 20–30 cm zueinander befinden). Halten Sie über die Leine Verbindung zu Ihrem Hund, ziehen Sie aber auf keinen Fall!
- Streichen Sie zuerst mit der von Ihnen weiter entfernten Hand an der Leine entlang, auf Ihre zweite Hand zu. Streichen Sie mit beiden Händen abwechselnd langsam und sanft über die Leine, wobei Sie stets eine Hand über die andere hinweg bewegen – so lange, bis sich der Hund auf Sie zu bewegt. Richten Sie Ihren Blick in die Richtung, in die Sie gehen möchten.
- Haben Sie Geduld und verstärken Sie die Bewegungen nicht, wenn der Hund nicht sofort reagiert. Ziel ist es, den Hund in Ihre Richtung zu bewegen bzw. ihn zum Weitergehen zu veranlassen: Sie sollten ihn daher nicht zu sich heranziehen und darauf achten, dass Ihre Hände auf der Leine nicht versehentlich nach oben wandern. Sie können den Hund mit Worten ermutigen und ihn loben, sobald er sich in Ihre Richtung umdreht bzw. Sie anblickt: Das ist der Moment, in dem er begriffen hat, was von ihm verlangt wird.

Mit dem Ausstreichen der Leine können Sie Ihren Hund dazu veranlassen weiterzugehen, wenn er wie angewurzelt stehen bleibt (s. S. 18). Sie müssen dann nicht mehr am Halsband ziehen und bleiben in Ihren Schultern beweglich.

• Streichen Sie weiterhin über die Leine und fordern Sie Ihren Hund zum Weitergehen auf. Wenn Sie möchten, dass er vorwärts geht, dann bringen Sie ihn dazu, ein paar Schritte zu gehen, loben Sie ihn und fordern Sie ihn ein weiteres Mal auf. Gehen Sie mit ihm durch das Labyrinth (S. 118) oder über Stangen, die über den Boden verstreut liegen (S. 110, 112), damit seine Konzentration auf etwas anderes gelenkt wird. Wenn er vom Labyrinth überfordert ist, dann gehen Sie mit ihm zwischen zwei nebeneinander auf dem Boden liegenden Stangen hindurch. Ist Ihnen das Clicker-Training vertraut (s. S. 26), dann können Sie auch jedesmal klicken, wenn Ihr Hund sich einen Schritt vorwärts bewegt.

Um eine ständige Verbindung zu Ihrem Hund aufrechtzuerhalten, können Sie das Ausstreichen der Leine auch anwenden, wenn:

- Sie mit ihm beim Tierarzt warten
- Sie sich im Park oder vor einem Laden mit jemandem unterhalten
- Sie den Hund zurückhalten wollen, sich zur Begrüßung auf einen Freund von Ihnen zu stürzen
- Sie sich in der Hundeschule befinden

Die Methode stammt ursprünglich aus der TTouch-Arbeit mit Pferden (TTEAM). Ich wandte die „Ausstreich-Technik“ erstmals bei Hunden an, als ich in Battersea unterrichtete – und die Ergebnisse waren verblüffend. Hunde, die zuvor so stark gezogen hatten, dass sie ihren Halter beinahe hinter sich her schleiften, entspannten sich nicht nur, sondern wurden auch konzentrierter und ruhiger.

Neulich erzählte mir meine Herausgeberin Jo Weeks, wie diese Methode bei einem ihrer Hunde auf traumhafte Weise Erfolg zeigte: Besagter Hund widersetzte sich ihr immer, wenn sie ihn nach einem „Schlammbad“ mit dem Gartenschlauch abspritzen wollte. Ihre Border Collie Hündin Lucy hatte nicht wirklich etwas gegen das Abspritzen, sie wollte nur nicht an der Leine herumgezogen werden. Während Lucy an der Leine noch heftigen Widerstand leistete, erinnerte sich Jo daran, was sie einen Tag zuvor in meinem Manuskript gelesen hatte. Sie beschloss es mit dem Ausstreichen der Leine zu versuchen und abzuwarten, was passierte. Und was für eine Überraschung: Innerhalb weniger Sekunden wurde Lucy im ganzen Körper locker und bewegte sich auf ihr Frauchen bzw. den Gartenschlauch zu. Jo kennt sich mit den TTouches aus und hat sie bereits erfolgreich angewendet, dennoch war sie sehr erstaunt, wie schnell diese Technik Wirkung zeigte.

Das Ausstreichen ist sehr nachhaltig. Zeigt man diese Technik an Menschen, die ein Ende der Leine in Händen halten, dann sind diese jedesmal vollkommen überrascht, was für starke Empfindungen die Methode im ganzen Körper auslöst. Selbst mit geschlossenen Augen fühlen sie noch den überwältigenden Wunsch, sich auf die Person zuzubewegen, die das andere Ende der Leine ausstreicht.

Mein Hund mag das Ausstreichen der Leine nicht

Wenn Ihr Hund weiterhin wie angewurzelt stehen bleibt, scheut oder verwirrt erscheint, dann versuchen Sie die folgenden Schritte:

- Achten Sie darauf, dass Sie nicht am Halsband ziehen. Ziel ist es, den Hals des Hundes zu lockern, sodass er in den Schultern und Rippen nachgibt
- Führen Sie die Bewegung langsamer durch – vielleicht streichen Sie ja zu schnell über die Leine
- Verspannen Sie sich in keinem Teil Ihres Körpers
- Blicken Sie in die Richtung, in die Sie gehen möchten. Starren Sie den Hund nicht an und stellen Sie sich nicht zu nah bei ihm auf
- Halten Sie über die Leine ständig leichten Kontakt mit dem Hund – sind Ihre Bewegungen zu passiv, dann kann der Hund Ihre Signale nicht empfangen
- Achten Sie darauf, den Hund nicht durch zu viele gesprochene Kommandos zu verwirren

Balanceleine

Wenn Sie nur ein einfaches Halsband zur Verfügung haben, dann ist die Balanceleine ein einfaches und effizientes Hilfsmittel, Ihrem Hund das Ziehen abzugewöhnen. Es funktioniert aber nicht mit einer kurzen Leine. Wenn Sie keine lange Leine haben, dann schlingen Sie zwei Leinen ineinander. Diese Methode ist besonders bei Tierheimhunden sehr hilfreich, die so schnell wie möglich ihrem Zwinger entkommen wollen und den Gassigeher hinter sich her ziehen, wenn es ans Spazierengehen geht.

Durch die Balanceleine werden Verspannungen im Hals verringert und der Schwerpunkt des Hundes nach hinten verlagert. Sie verhilft dem Hund zu mehr Balance und Selbstdisziplin und kann ihn lehren, ruhig und geduldig sitzen zu bleiben, selbst wenn andere Hunde um ihn herum rennen, wie z.B. in der Hundeschule, bei Vorführungen und bei Wettbewerben.

- Steht der Hund links von Ihnen, dann halten Sie die Leine in der linken Hand und schlingen Sie mit der rechten Hand die restliche Leine über seine linke Schulter und seinen Brustkorb. Das Leinenende befindet sich nun in Ihrer rechten Hand. (Befindet sich der Hund rechts von Ihnen, dann schlingen Sie die Leine über seine rechte Schulter und halten das Leinenende in Ihrer linken Hand.)
- Übermitteln Sie dem Hund mit beiden Händen ganz langsam ein sanftes „Rückwärts-Signal" und lockern Sie den Kontakt danach wieder. Wiederholen Sie das so lange, bis der Hund zu ziehen aufhört. Das hilft Ihrem Hund, ruhig an Ihrer Seite zu gehen. Wenn Sie ihn hingegen ständig zurückziehen, dann wird er sich nur gegen die Leine stemmen. Die meisten Besitzer haben die Erfahrung gemacht, dass diese Technik sofort zum Erfolg führt, sollte der Hund jedoch trotz allem noch herum hüpfen, hochspringen oder aus der Leine schlüpfen, dann versuchen Sie es mit der Balanceleine Plus.

Das „Rückwärts-Signal" am Brustkorb veranlasst den Hund, seinen Schwerpunkt nach hinten zu verlagern, sodass er mit Ziehen aufhört und der Druck aus dem Nacken weicht.

Halten Sie die Leine in der linken Hand und schlingen Sie sie um den Brustkorb des Hundes herum.

Mein Hund mag die Balanceleine nicht

- Vergewissern Sie sich, dass der Hund keine Schmerzen in der Brust hat
- Achten Sie darauf, keinen ständigen Druck auf die Leine auszuüben, da dies den Hund dazu bringt, noch stärker zu ziehe
- Beobachten Sie Ihre Körperhaltung: Wenn Sie verspannt sind, dann stemmt sich der Hund noch mehr gegen die Leine
- Führen Sie beim Gehen einen Hüftschwung von links nach rechts aus. Dadurch wird der Hund in Schulter und Widerrist lockerer
- Sehen Sie nach, ob sich die Schleife in der Leine nicht bis zum Halsansatz des Hundes bewegt hat
- Führen Sie TTouches (S. 95) und Hebungen (S. 104, 107, 108) im Schulter- und Brustbereich durch
- Legen Sie gleichzeitig ein halbes Körperband an

Balanceleine Plus

Sie hat Ähnlichkeit mit der Balanceleine – nur mit einem kleinen Zusatz. Statt die Leine um die Brust des Hundes zu schlingen, wird sie hier zwischen seinen Vorderläufen hindurch geführt – die meisten Hunde werden ihren äußeren Vorderlauf von sich aus heben, damit Sie die Leine hindurch führen können. Dann führen Sie die Leine diagonal über den Brustkorb und unter dem Halsband hindurch. Das Leinenende bleibt in Ihrer äußeren Hand (die weiter vom Hund entfernt ist), Ihre innere Hand hält die Leine über dem Rücken des Hundes. Gehen Sie vorwärts und geben Sie dem Hund – sobald er anfängt zu ziehen – ein sanftes „Rückwärts-Signal" mit der Hand, die das Leinenende hält. Ihr Hund sollte eigentlich sofort seine Balance wiederfinden, wenn nicht, dann gehen Sie wieder ein paar Schritte und halten Sie an. Ihre Signale sollten fließend und sanft erfolgen. Loben Sie ihn in ruhigem Tonfall, sobald er an Ihrer Seite geht, damit er begreift, was von ihm verlangt wird.

1 Schlingen Sie die Leine vorne um den Hund herum, wobei die Schleife den Boden berühren darf.

2 Die meisten Hunde werden von sich aus den äußeren Vorderlauf heben, damit Sie die Leine richtig positionieren können.

3 Führen Sie die Leine diagonal über die Brust und durch das Halsband hindurch.

Bei der Balanceleine Plus kann sich die Leine nicht nach oben verschieben und Druck auf den Nacken ausüben ...

... und sie verringert das Ziehen an der Leine bzw. verbessert die Konzentrationsfähigkeit.

Die Brieftaube

Beidseitiges Führen durch zwei Personen kann die Balance eines Hundes verbessern und gewöhnt ihn gleichzeitig daran, von der linken Seite geführt zu werden. Diese Methode kann auch angewandt werden, um dem Hund eine zweite Person vorzustellen und sie bringt große Vorteile bezüglich der Sicherheit mit sich. Sie ist außerdem nützlich bei:

- Hunden, die sich im Kreis drehen, hochspringen oder sich gegen die Leine stemmen
- Trennungsängsten
- „Leinenziehern"
- Problemen mit der Konzentration

- Befestigen Sie eine zweite Leine bzw. lange Schnur an einem beliebigen Punkt des Brustgeschirrs oder ziehen Sie sie auf der gegenüber liegenden Seite unter dem Halsband durch – je nach Ausstattung des Hundes. Die zweite Leine muss an einer anderen Kontaktstelle befestigt werden, sonst ist die Methode nicht effektiv. Legen Sie dem Hund nie zwei Halsbänder an, das schadet seinem Hals.
- Nun führen Sie den Hund beidseitig durch ein Labyrinth (S. 118), über Stangen (S. 110, 112, 115, 121) bzw. andere Hindernisse oder im Slalom durch verschiedene Kegelhütchen (s. S. 105).

Die zweite Leine kann an einer beliebigen Stelle des Brustgeschirrs oder unter dem Halsband hindurch befestigt werden. Achten Sie darauf, dass die zweite Leine nicht am selben Punkt festgemacht wird wie die erste Leine.

Akupressur

Ziel der Akupressur ist es, die von Mensch und Tier gleichermaßen benötigte natürliche Harmonie und Balance zur Aufrechterhaltung von Gesundheit und Wohlbefinden, wiederherzustellen und zu erneuern. Sie ist für Sie und Ihren Hund ein wunderbares Werkzeug, um den natürlichen Heilprozess zu beeinflussen und die Verbindung zu ihrem vierbeinigen Gefährten zu vertiefen.

Yintang-Punkt
Dieser Punkt hilft dem Hund, sich zu konzentrieren bzw. zu beruhigen. Er kann bei folgenden Beschwerden helfen: kognitive Störungen, chronische Unruhe, Steigerung der Aufmerksamkeit für das Training. Er befindet sich ungefähr mittig zwischen den Augen (auch bekannt als Drittes Auge).

Yangtang-Punkt
Durch Drücken dieses Punktes können Stress- und Angstzustände überwunden werden. Außerdem ist er hilfreich für Hunde mit Canine Compulsive Disorders – kurz CCD – wie z.B. wiederholtes Lecken bzw. Nagen an den Pfoten, ständiges Bellen, zu viel oder zu wenig Fressen, also Anzeichen eines hohen Stress-Levels. Der Punkt liegt ungefähr ein Fingerbreit über dem äußeren Augenwinkel.

Bai Hui-Punkt
Hunde lieben es, wenn man sie an diesem, traditionell als „Himmelspforte" bezeichneten Punkt ausgiebig krault. Dadurch erzeugt man Energie in der Wirbelsäule und den Hinterläufen, was sich positiv auf Beschwerden in diesen Bereichen auswirkt. Außerdem ist Bai Hui ein Beruhigungspunkt, der oft zur Unterstützung des allgemeinen Wohlbefindens eingesetzt wird. Er liegt auf der Mittellinie des Kreuzbeins, dort wo man die Dornfortsätze nicht fühlen kann.

Lenkergefäß 20 (GV 20)
Dieser Punkt besitzt zahlreiche Eigenschaften: Er besänftigt den Geist und lässt aus dem Körper die Hitze entweichen. Er wird daher bei Fieber, Wutanfällen und Aggression eingesetzt, aber auch um Angst- und Stresszustände zu verbessern. Er sitzt direkt auf dem Kopf des Hundes, genau in der Mitte zwischen den Außenkanten der Ohren. Wenn Sie Ihre Handfläche auf diesen Punkt legen, dann hat dies eine beruhigende Wirkung auf den Hund.

Wenn der Hund zum ersten Mal über eine Holzbrücke gehen soll, dann ist es für ihn leichter, wenn er beidseitig geführt wird.

Die Wippe hilft dabei, die Balance zu verbessern und eignet sich für Hunde, die verschüchtert oder überdreht sind oder Angst vor Autofahrten haben.

Mit der Holzbrücke können Sie den Hund daran gewöhnen, über eine Rampe ins Auto einzusteigen, sich ruhig auf den Tisch des Tierarztes bzw. Preisrichters zu stellen, zusätzlich steigt sein Selbstvertrauen.

Übungen für Balance, Propriozeption und sensorische Integration

Alle in diesem Abschnitt beschriebenen Übungen eignen sich zur Verbesserung der Balance, Propriozeption und sensorischen Integration bei Ihrem Hund. Holzbrücke und Wippe sind steigern Koordination, Selbstbewusstsein und Konzentration. Bei diesen Übungen ist es für den Hund leichter und angenehmer, wenn Sie ihn beidseitig führen (s. S. 83) und ihn somit sicherer über die Hindernisse lenken.

Wippe

Das Gehen über eine niedrige Wippe kann ängstlichen Hunden und solchen mit Angst vor dem Autofahren helfen. Diese Übung bildet eine gute Grundlage für das Agility-Training, wenn Ihr Hund nervös oder sehr jung ist, und verhilft ihm zu Selbstvertrauen und Selbstdisziplin.

Holzbrücke

Auch die Holzbrücke kann helfen, Selbstvertrauen aufzubauen. Einem nervösen Hund kann es schwer fallen, den Boden zu verlassen, selbst wenn er zu Hause mit Freude auf jeden Sessel springt. Es ist eine hilfreiche Übung, um dem Hund ein Gefühl der Sicherheit zu vermitteln, wenn er beim Tierarzt, Hundefriseur oder bei einer Ausstellung auf einem Tisch stehen soll, da viele Hunde hier „zu Stein erstarren". Fordern Sie den Hund in der Brückenmitte auf stehenzubleiben und führen Sie an seinem ganzen Körper TTouches aus, damit er sich entspannt bzw. daran gewöhnt, auf einer erhöhten Fläche angefasst zu werden.

Fordern Sie den Hund in der Brückenmitte zum Stehenbleiben auf und führen Sie einige TTouches an seinem Körper durch, damit er sich entspannen bzw. mehr Vertrauen gewinnen kann.

Der Hund soll selbst herausfinden, wie er langsam und ruhig über Holzbrücke und Wippe gehen kann. Versuchen Sie nicht, den Hund über das Hindernis zu locken oder ihn zu zwingen, auf dem Brett stehenzubleiben, selbst wenn er Panik hat, die Balance verliert oder losstürzt. Durch diese Übungen können auch Sie Ihren Umgang mit Ihrem Hund verbessern.

Mein Hund mag keine erhöhten Flächen

- Versuchen Sie es anfangs mit einem einfachen Brett, das Sie flach auf den Boden legen
- Führen Sie den Hund über unterschiedliche Oberflächen (S. 120)
- Legen Sie ihm das halbe Körperband an (rechts) und machen Sie mit ihm Körperarbeit, um sein Körperbewusstsein zu stärken

Das halbe Körperband

Das halbe Körperband ist ein einfaches Mittel, um Balance und Koordination zu verbessern. Es liefert sensorische Informationen und stärkt das Bewusstsein. Man verwendet es bei Hunden, die Angst vor Geräuschen bzw. Autofahrten haben. Es hilft, Vertrauen aufzubauen und wirkt Überreaktionen wie Hochspringen oder Hyperaktivität entgegen.

Mit dem halben Körperband kann man Hunde – auch Arbeits- und Diensthunde – an das Tragen eines Brustgeschirrs gewöhnen. Zudem hilft es bei folgenden Symptomen:

- Übertriebene Anhänglichkeit
- Eifersucht
- Berührungsangst
- Stress bei eingeschränkter Bewegungsfreiheit
- Nervosität
- Verspannungen in den Schultern
- Schwäche in den Hinterläufen

Das Körperband besteht aus einer elastischen Binde, die in verschiedenen Größen erhältlich ist und somit auf jeden Hund individuell angepasst werden kann (Bandagen aus der Apotheke oder dem Pferdezubehör). Kreppband eignet sich nicht, da es sich der Länge nach einrollen kann.

Die Idee des Körperbandes ist es, ein Körperbewusstsein zu erzeugen, und nicht, den Hund in seiner Bewegungsfreiheit einzuschränken bzw. ihn zu stützen. Das Band darf nicht zu eng am Körper des Hundes anliegen. Sobald Sie es angelegt haben (siehe Anleitung auf der folgenden Seite), führen Sie Ihren Hund an der Leine herum oder fordern Sie ihn zum Bewegen bzw. Spielen auf.

- Fürchtet sich Ihr Hund vor dem Körperband, dann streichen Sie anfangs damit nur sanft über seine Flanken oder führen mit dem Band in der Hand einige kreisförmige TTouches durch.

Das halbe Körperband.

Legen Sie die Mitte des Bandes über die Brust des Hundes.

Führen Sie beide Enden nach oben über die Schultern, überkreuzen Sie sie über dem Widerrist und führen Sie sie Richtung Brustbein.

Überkreuzen Sie das Band unter den Rippen und verknoten Sie die Enden auf einer Seite des Körpers. Achten Sie darauf, dass der Knoten nicht direkt auf der Wirbelsäule aufliegt.

- Legen Sie die Mitte des Körperbandes um den Brustkorb des Hundes, führen Sie es nach oben zu den Schultern hin und überkreuzen Sie es dort über dem Widerrist. Führen Sie es danach unterhalb des Brustbeins über die Rippen nach unten und überkreuzen Sie es erneut. Führen Sie es wieder über den Rücken und verknoten Sie die Enden. Achten Sie darauf, dass sich der Knoten nicht direkt auf der Wirbelsäule befindet. Wirkt der Hund aufgrund des unter seinem Körper verlaufenden Bandes verunsichert, dann legen Sie das Körperband in Form einer Acht um ihn und halten beide Enden mit einer Schleife zusammen – auf diese Weise lässt es sich leicht lösen, wenn der Hund gestresst wirkt.

Belassen Sie das Band nur so lange am Hund, wie eine Stresssituation anhält (Feuerwerk, Autofahrt). Lassen Sie Ihren Hund damit nie unbeaufsichtigt. Beobachten Sie die Reaktionen Ihres Hundes und legen Sie das Band nicht weiter an, wenn er unruhig wird bzw. entfernen Sie das Band, wenn er Panik bekommt.

Mein Hund mag das halbe Körperband nicht

- Überprüfen Sie, ob das Band nicht zu eng anliegt – zwischen Körper und Band sollte noch etwas Spielraum sein
- Legen Sie es am Anfang nur über seine Schultern
- Führen Sie Körperübungen an der Brust (S. 106–110), den Schultern und den Rippen durch (S. 113–115)
- Ziehen Sie ihm stattdessen ein T-Shirt oder einen Hundemantel an

Wirkt der Hund durch das unter seinem Körper verlaufende Band verunsichert, dann legen Sie es ihm in Form einer Acht an.

TTouches

Die TTEAM-Technik besteht aus unterschiedlichen TTouches, die sich wiederum in drei Gruppen aufgliedern: kreisende Bewegungen, Haargleiten und Hebungen. Bei Tieren zeigen TTouches oft eine überwältigende Wirkung verbunden mit tiefgreifenden Veränderungen. Sie können an jeder Stelle des Körpers durchgeführt werden und können einem Hund die Freude an Hautkontakt vermitteln. Werden sie im Gesicht des Hundes ausgeführt, dann steigern sie das Vertrauen, lockern die Gesichtsmuskulatur, verringern die Bellfreudigkeit und gewöhnen den Vierbeiner an Berührungen am Kopf bzw. an das Tragen eines Kopfhalfters.

TTouches können:

- die Durchblutung anregen
- Steifheit verringern
- Ruhe und Entspannung fördern
- das Selbstvertrauen stärken
- Verspannungen lösen
- dem Hund Angst vor Berührungen nehmen

Gemma wird bei fremden Menschen nervös und beißt bei Körperkontakt.

Nach einigen Bodenübungen und dem Einsatz einer Handattrappe (S. 31) lässt sich Gemma von Tina am ganzen Körper anfassen, ohne Stress zu zeigen.

Druckstärken

Die TTouches wirken auf das Nervensystem und erfordern daher eine relativ geringe Druckstärke, um Wirkung zu zeigen. Um Ihnen eine Vorstellung von der angemessenen Druckstärke der TTouches zu geben, verwendet das TTEAM ein Punktesystem von Eins bis Zehn.

- **Stärke 1:** Legen Sie Ihren Daumen ganz locker auf Ihre Wange und die Fingerspitzen auf den Wangenknochen. Schieben Sie nun ganz sanft die Haut über Ihren Wangenknochen, sodass Sie den Knochen darunter gerade noch erfühlen können. Das entspricht Druckstärke Eins. Probieren Sie diese Druckstärke auch auf Ihrem Unterarm aus und achten Sie darauf, dass Ihre Finger keine „Dellen" in der Haut hinterlassen.

- **Stärke 3:** Wenn Sie die Haut mit etwas mehr Druck über Ihren Wangenknochen schieben, sodass Sie den Knochen darunter gut fühlen können, dann entspricht das Druckstärke Drei. Wenn Sie Druck der Stärke Drei auf Ihrem Unterarm anwenden, dann sollten Sie leichte „Dellen" in der Haut bemerken.

- **Stärke 6:** Wenn Sie Druckstärke Drei verdoppeln, dann erhalten Sie die Stärke Sechs. Der Wolken-Leopard TTouch wird meist mit einer Druckstärke zwischen Zwei und Drei durchgeführt – je nachdem, wie sich der Hund dabei fühlt und welchen Bereich Sie bearbeiten.

TTouches können an jeder Stelle des Körpers ausgeführt werden.

Kreisförmige TTouches

Der **Wolken-Leopard TTouch** bildet die Basis für alle kreisenden TTouches. Sie können ihn am gesamten Körper des Hundes ausführen und dabei – falls notwendig – Ihre Handhaltung den Körperkonturen anpassen, damit Ihre Bewegungen locker und fließend bleiben.

- Stellen Sie sich in Gedanken das Zifferblatt einer Uhr auf dem Körper Ihres Hundes vor. Die Uhr hat einen Durchmesser von ungefähr 1 cm und die Zahl 6 liegt ganz unten auf dem Zifferblatt. Eine Hand hält die Leine, stützt das Halsband oder liegt locker auf dem Körper des Hundes, während die Finger der anderen Hand auf der Zahl 6 Ihrer imaginären Uhr aufliegen. Mit Ihren leicht gekrümmten Fingern – so wie bei einer Pfote – schieben Sie die Haut im Uhrzeigersinn kreisförmig einmal komplett um das Zifferblatt. Üben Sie das ganze Zifferblatt entlang denselben Druck aus, an der 6 vorbei bis Sie etwa bei der 8 angekommen sind – Sie führen also etwa einen 1 ¼-Kreis aus. Jetzt machen Sie eine kurze Pause von ca. einer Sekunde und wenn Sie merken, dass der Hund entspannt ist, dann gehen Sie zu einer anderen Stelle über und wiederholen dort das Ganze.
- Wichtig ist, dass Sie an jeder Körperstelle nur jeweils eine einzige Kreisbewegung durchführen und darauf achten, dass Ihre Finger die Haut in kreisenden Bewegungen vor sich her schieben und nicht nur über das Fell gleiten. Ihr Daumen sollte ganz leicht auf dem Körper aufliegen, um die Hand abzustützen. Führen Sie die Kreisbewegung mit dem Zeige-, Mittel- und Ringfinger gleichzeitig durch. Sind Ihre Fingergelenke bzw. das Handgelenk verkrampft, dann versteifen Sie sich auch in Ihren Bewegungen: Bewegen Sie Ihre Finger daher ganz entspannt im Uhrzeigersinn.
- Üben Sie die kreisförmigen TTouches auf Ihrem Handrücken, damit Ihre Handbewegungen fließend erfolgen und Sie den Unterschied zwischen TTouches und anderer Körperarbeit deutlich erkennen können. Ganz wichtig ist, dass der beschriebene Kreis wirklich rund ist und in einer durchgehend fließenden Bewegung ausgeführt wird.
- Vergessen Sie nicht zu atmen. Bei starker Konzentration halten manche Menschen den Atem an und verkrampfen sich dabei, was sich negativ auf den TTouch auswirkt.

Der Wolken-Leopard TTouch ist der gebräuchlichste TTouch.

Den Waschbär TTouch können Sie auf beiden Seiten der Wirbelsäule durchführen.

Der **Waschbär TTouch** eignet sich hervorragend für die Arbeit an Ohr- bzw. Schwanzansatz, beidseitig entlang der Wirbelsäule und im hinteren Schulterbereich. Man kann ihn auch zwischen den Zehen und um das Nagelbett herum anwenden – besonders bei Hunden, die Angst vor dem Krallenschneiden haben.

Der Waschbär TTouch wird außerdem an Wundrändern zur Beschleunigung des Heilungsprozesses, zur Förderung der Durchblutung und zur Anregung der Nervenimpulse in den Beinen eingesetzt. Man kann mit ihm außerdem Schwellungen schmerzfrei zum Abklingen bringen.

Dieser TTouch hat seinen Namen von den kleinen, flinken Bewegungen eines Waschbären, der sein Futter wäscht. Biegen Sie Ihre Finger noch stärker als beim Wolken-Leopard TTouch, sodass Sie die Kreisbewegungen nun mit den Fingerspitzen durchführen. Halten Sie Hand und Finger locker und lassen Sie die Bewegung durch die Fingerknöchel fließen.

Der **Lama TTouch** eignet sich für nervöse Hunde und solche, die sich an bestimmten Körperstellen nicht anfassen lassen: Für letztere ist der Kontakt mit dem Handrücken weniger bedrohlich als mit der Handfläche. Streichen Sie sanft mit dem Handrücken über Schnauze und Körper des Hundes. Versuchen Sie auch kreisförmige Bewegungen mit diesem TTouch.

Der **Schimpansen TTouch** ist ebenfalls für nervöse Hunde gedacht. Verschieben Sie die Haut mit Ihrer geöffneten Faust, d.h. mit dem Bereich zwischen Zeige- und Mittelfingerrücken. Halten Sie die Finger eng beieinander und die Hand locker.

Der Wolken-Leopard TTouch ist der gebräuchlichste TTouch.

Der Lama TTouch eignet sich für nervöse Hunde und solche, die sich an bestimmten Körperstellen nicht anfassen lassen.

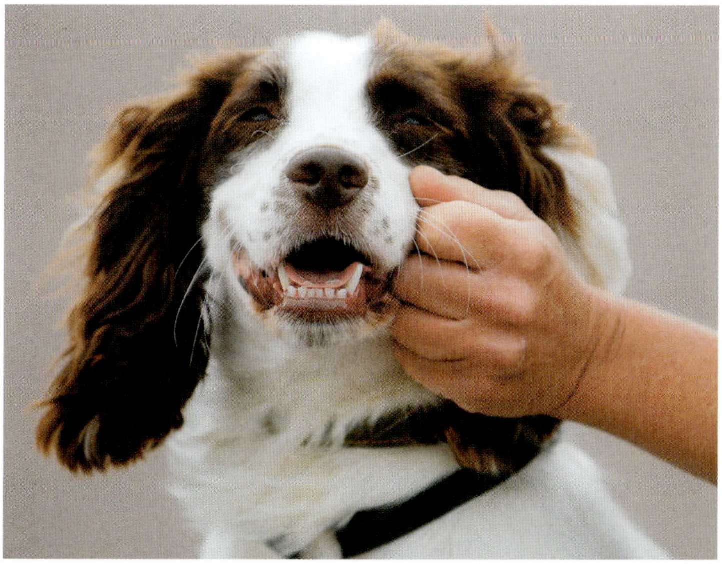

Der Schimpansen TTouch ist ein weiterer, sehr nützlicher TTouch für nervöse Hunde.

Mein Hund mag keine kreisförmigen TTouches

Wenn sich Ihr Hund durch die kreisförmigen TTouches nicht beruhigen lässt, dann:

- ... verringern Sie den Druck
- ... führen Sie die Bewegungen gegen den Uhrzeigersinn durch
- ... streichen Sie ganz leicht mit den Fingerspitzen über den Hund, als ob Sie Staub aus seinem Gesicht bzw. von seinem Körper wischen wollten. Wenn er sich beruhigt, dann führen Sie gelegentlich eine Kreisbewegung aus
- ... beschleunigen oder verlangsamen Sie Ihre Bewegungen
- ... ziehen Sie sich einen Fausthandschuh aus Schaffell an
- ... versuchen Sie es mit einem anderen TTouch

Behandlung bestimmter Körperbereiche

Dieses Kapitel zeigt Ihnen Übungen für bestimmte Körperbereiche. Sie sind zwar speziell für Hunde mit Problemen in diesen Bereichen gedacht, können jedoch auch eingesetzt werden, um nervöses, zwanghaftes oder überaktives Verhalten zu bessern. Im Übrigen steigern diese Übungen das Wohlbefinden jedes Hundes.

Es ist sehr wichtig, einen Hund daran zu gewöhnen, am Maul angefasst zu werden.

Schnauze

Maularbeit

Es ist sehr wichtig, einen Hund daran zu gewöhnen, am Maul angefasst zu werden. So kann man z.B. regelmäßig den Zustand seiner Zähne überprüfen und er bleibt ruhig, wenn er vom Tierarzt untersucht wird. Hunde, die ein Problem mit ihrem Futter bzw. Spielzeug haben, haben meist eine Abneigung gegen Berührungen im Maulbereich. Die Maularbeit kann daher ein wichtiger Bestandteil des Rehabilitationsprozesses sein. Sie ist außerdem hilfreich bei:

- überempfindlichen oder überemotionalen Hunden
- übermäßigem Bellen oder Nagen
- zahnenden Welpen
- der Erziehung eines Hundes, sein Spielzeug herzugeben
- Vertrauensbildung
- der Bekämpfung aggressiven Verhaltens

- Stellen Sie sich seitlich neben die Schulter des Hundes oder setzen Sie sich auf einen Stuhl: Die Augen des Hundes sind dabei von Ihnen abgewandt. Dreht sich der Hund zu Ihnen um, dann hören Sie sofort auf.

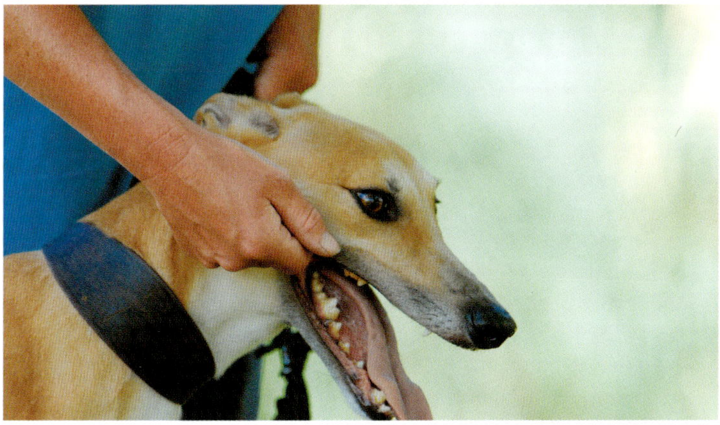

Reagiert der Hund nervös auf Berührungen an Schnauze und Kiefer, dann versuchen Sie es mit dem Schimpansen TTouch.

Stützen Sie den Kopf des Hundes mit einer Hand ab und massieren Sie sanft über die Lefzen.

- Streichen Sie mit dem Handrücken über Schnauze und Gesicht Ihres Hundes. Ist der Hund sehr nervös, dann können Sie anfangs z.B. einen weichen Pinsel oder einen Handschuh aus Schaffell dazu verwenden – das wirkt weniger bedrohlich.

- Fühlt sich der Hund wohl dabei, dann gehen Sie zu den Schimpansen bzw. Wolken-Leopard TTouches über (S. 96–97). Stützen Sie den Kopf des Hundes mit Ihrer freien Hand ab. Arbeiten Sie im Bereich der Kiefermuskulatur und führen Sie an der oberen Lefze kreisförmige Bewegungen durch. Danach können Sie mit der Fingerspitze unter die Lefze gehen und sanft das Zahnfleisch massieren. Befeuchten Sie Ihre Finger, wenn der Hund sehr trocken im Maul ist. Wenn sich der Hund nicht gegen die Berührungen im Maul wehrt, dann können Sie das Zahnfleisch auf beiden Seiten massieren. Wechseln Sie nun die Hand und arbeiten Sie an der anderen Seite des Mauls weiter.

Hinweis: Üben Sie dies nicht, wenn Sie Angst haben, Ihr Hund könnte zubeißen. Holen Sie sich professionellen Rat, um sein Problem in den Griff zu bekommen.

Die meisten Hunde empfinden die Maularbeit als sehr entspannend. Es kann jedoch mehrere Sitzungen in Anspruch nehmen, bis es soweit ist.

Mein Hund mag die Maularbeit nicht

- Maul und Rute stehen in Verbindung zueinander. Wird Ihr Hund nervös, wenn Sie ihn an der Schnauze berühren, dann versuchen Sie es an den Hinterläufen und an der Rute (S. 116–117)
- Achten Sie darauf, mit Ihrer Stützhand den Kopf des Hundes nicht zu fest zu umfassen
- Verteilen Sie die Übung auf kleine, einfachere Schritte und arbeiten Sie über mehrere Tage hinweg in kurzen Sitzungen
- Gewöhnen Sie den Hund an das Tragen eines Nylon- oder Gummibandes (S. 100)

Fühlt sich der Hund wohl, dann können Sie die Arbeit im Maul fortsetzen, indem Sie mit einer Fingerspitze unter die obere Lefze gehen und das Zahnfleisch massieren.

Nylon-/Gummiband

Die Bänder funktionieren ähnlich wie das halbe Körperband (S. 93). Die Idee dahinter ist nicht, das Maul gewaltsam geschlossen zu halten oder dem Hund einen Widerstand zu bieten, bis er des Bellens müde wird. Ziel ist vielmehr, dem Hund ein Körperbewusstsein zu vermitteln und Verspannungen in der Schnauze zu lösen. Ein Nylon- oder Gummiband kann daher einen hyperaktiven bzw. sehr bellfreudigen Hund schnell beruhigen. Die Bänder stärken überdies das Vertrauen und machen es möglich, dass der Hund Berührungen im Gesicht und am Maul genießt.

Im Übrigen sind sie hilfreich, wenn:

- der Hund im Auto übernervös reagiert
- man den Hund an ein Kopfhalfter bzw. einen Maulkorb gewöhnen will
- man die Konzentration des Hundes steigern will

Mit Hilfe eines Nylonbandes kann es gelingen, den Hund an Berührungen am Kopf zu gewöhnen.

- Wenn sich Ihr Hund am Kopf anfassen lässt, dann führen Sie einige TTouches auf seinem Nasenrücken und am Hinterkopf durch, bevor Sie das Nylonband anlegen.
- Fordern Sie ihn danach auf, sich zu bewegen bzw. werfen Sie ihm einen Ball oder belohnen Sie ihn, damit er merkt, dass seine Bewegungsfreiheit in keiner Weise eingeschränkt ist. Wenn er das Band abstreift, dann führen Sie einige TTouches durch und legen es ihm erneut an.
- Wenn er keine Berührungen am Maul duldet, dann verwenden Sie anstelle des Nylonbandes ein Gummiband: Dadurch fällt es ihm eventuell leichter, den Kontakt zu akzeptieren.
- Weder Nylon- noch Gummiband sollten dem Hund gewaltsam aufgezwungen werden. Auch sollte der Hund damit nie unbeaufsichtigt bleiben. Beide sind Hilfsmittel, um den Hund dabei zu unterstützen, verschiedene Probleme zu überwinden: Sie sollten daher in Verbindung mit TTouch-Techniken verwendet werden, um der Ursache des Problems auf den Grund zu gehen und nicht nur, um eine bestimmte Verhaltensweise in den Griff zu bekommen.

Was sind Nylonband beziehungsweise Gummiband?

Gummiband

Es handelt sich hierbei um ein Stück elastisches, breites Nähgummiband, wie man es in jeder Kurzwarenabteilung erhält. Legen Sie die Mitte des Bandes über den Nasenrücken des Hundes und überkreuzen Sie die Enden unterhalb des Kiefers. Führen Sie die Enden nach oben über den Hals und binden Sie sie dort mit einer Schleife zusammen. Achten Sie darauf, das Band nicht zu stark in die Länge zu ziehen, damit es nicht seine Elastizität verliert.

Nylonband

Diese Art von Band entstand aus dem Gummiband. Es besteht aus elastischem Nylongewebe, ist verstellbar und in unterschiedlichen Größen und Farben erhältlich (s. S. 127). Der elastische Teil des Bandes wird über die Nase des Hundes gestreift. Die Nylonriemen werden unter dem Unterkiefer überkreuzt und hinter den Ohren mit einem Plastikverschluss zusammengehalten.

Legen Sie ein elastisches Gummiband über die Nase des Hundes. Überkreuzen Sie es unter seinem Kinn und binden Sie die Enden hinter den Ohren zu einer Schleife (siehe auch S. 76).

Ein Nylonband ist äußerst hilfreich bei Hunden, die übermäßig viel bellen …

Molly ist das beste Beispiel dafür, wie nützlich ein Nylonband für Hunde sein kann.

… und bringt meist schnelle Erleichterung für alle Betroffenen.

Sie beruhigt sich sofort und legt sich hin. Sie kann ihr Maul immer noch öffnen, ist aber ruhig und entspannt.

Mein Hund mag das Gummi-/ Nylonband nicht

- Vergewissern Sie sich, dass er noch richtig fressen kann und keine Zahn- bzw. Ohrenprobleme hat
- Versuchen Sie es mit dem halben Körperband (S. 93)
- Legen Sie das Gummiband über seine Stirn anstatt über die Nase

Augen, Kopf und Ohren

Arbeit mit TTouches

Ein hektischer Lebensstil und eine laute Umgebung können bei Hunden Stress hervorrufen: Diesem kann durch sanfte TTouches an Augen, Kopf und Ohren entgegen gewirkt werden. Versuchen Sie es mit Waschbär TTouches (S. 97) am Kiefer, Ohransatz, an den Ohren und am hinteren Teil des Schädels. Führen Sie am gesamten Kopf Wolken-Leopard TTouches durch (S. 96), und zwar in untereinander verbundenen Linien oder willkürlich – je nach Reaktion des Hundes. Diese TTouches sind hilfreich bei:

- der Beruhigung eines bellenden Hundes
- der Eindämmung einer Verhaltensweise bevor sie eskaliert
- Einschlafschwierigkeiten des Hundes
- Verlassensängsten
- dem Aufbau von Vertrauen und Selbstvertrauen bzw. Verringerung instinktiver Reaktionen

- Wenn der Hund Berührungen am Kopf nicht duldet, dann beginnen Sie an Hals und Schultern.
- Setzen oder stellen Sie sich so zu Ihrem Hund, dass sein Kopf von Ihnen abgewandt ist. Stützen Sie mit einer Hand seinen Kopf ab oder – wenn Sie sich draußen aufhalten – halten Sie die Leine, um die Verbindung zu ihm aufrecht zu erhalten. Gehen Sie mit Ihrem Gesicht nicht zu nahe an den Hund heran und arbeiten Sie langsam und sanft über den gesamten Kopf- und Gesichtsbereich. Achten Sie dabei auf diejenigen Bereiche, die ihn offensichtlich in Stress versetzen.
- Mehrere kurze Sitzungen können sinnvoller sein als eine lange. Die Dauer der jeweiligen Sitzung hängt sowohl vom Hund selbst als auch vom Grund der Arbeit ab. Die Mehrzahl der TTouch-Experten führt die Behandlung täglich durch.

Führen Sie Wolken-Leopard TTouches an den Ohren bzw. entlang des Kiefers durch.

Mein Hund mag die TTouches an Augen, Kopf und Ohren nicht

- Verwenden Sie anfangs nur den Hand- bzw. Fingerrücken
- Achten Sie darauf, dass Sie nicht über die Haut gleiten bzw. Druck auf sie ausüben
- Denken Sie an Ihre Atmung, damit Ihre Bewegungen fließend und entspannt erfolgen
- Versuchen Sie es mit Ohrenarbeit (s. S. 103)

Wenn Sie methodisch am Kopf und im Gesicht arbeiten, dann kann das für den Hund sehr entspannend sein.

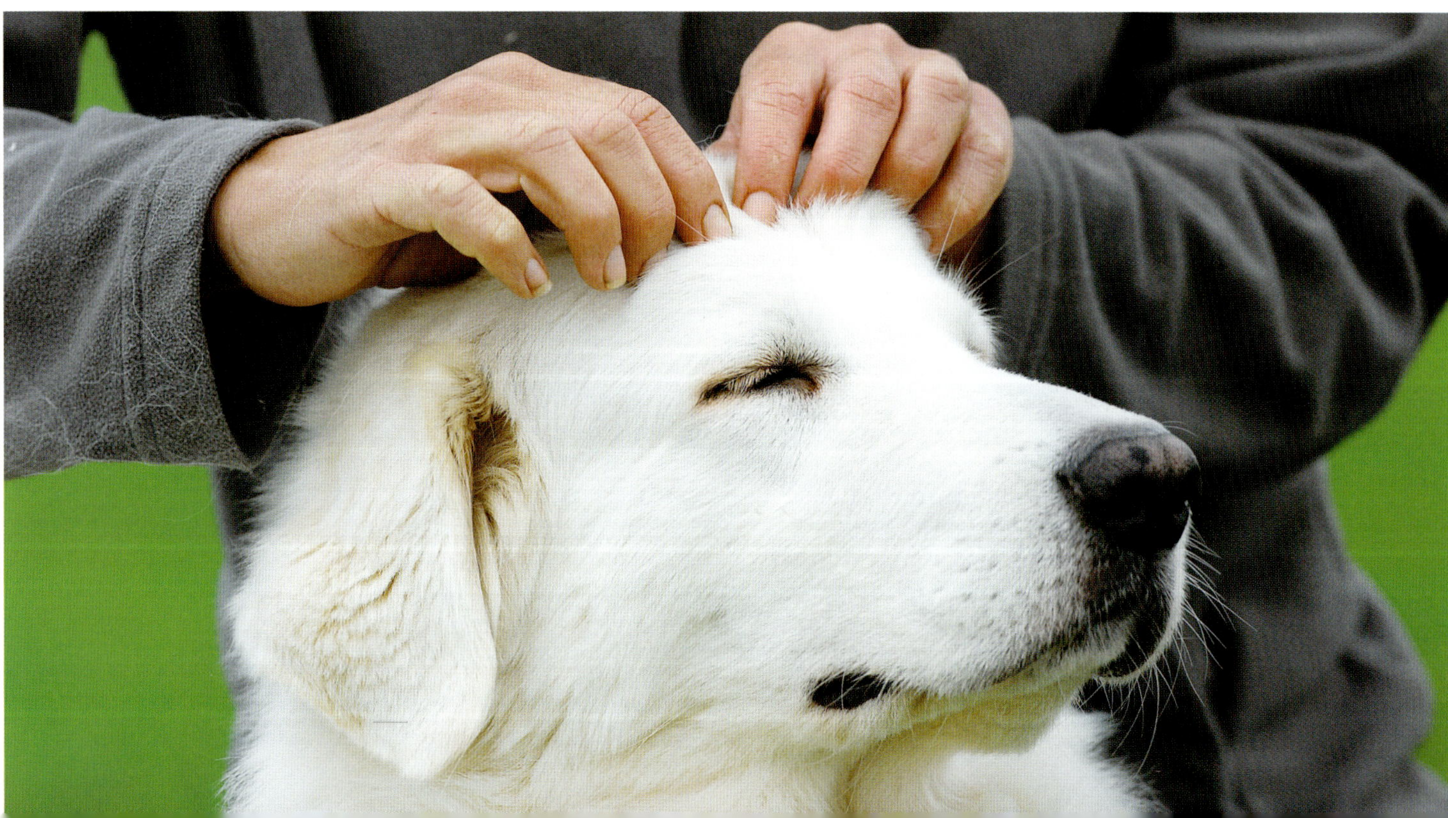

Ohrenarbeit

Die Ohrenarbeit kann jeder Hundehalter erlernen. Sie löst Verspannungen an Ohrenansatz, Stirn und oberen Teil des Halses und kann außerdem helfen, eine Vielzahl von Problemen zu überwinden. Mit der Ohrenarbeit kann man Stress verringern, das parasympathische Nervensystem anregen (s. S. 14), die Herz- und Atemfrequenz senken, eine tiefe, gleichmäßige Atmung fördern – die ihrerseits das Immunsystem stärkt – und einen erschöpften, gestressten bzw. unter Schock stehenden Hund stabilisieren (s. S. 35).

Ohrenarbeit fördert die Entspannung und sollte vor und nach Wettbewerben bzw. während des Trainings angewendet werden, um den Hund zu beruhigen. Man kann sie auch durchführen, wenn eine Hündin Probleme beim Werfen hat und um einen unterkühlten und erschöpften Welpen zu wärmen. Mit ihrer Hilfe lassen sich zudem folgende Probleme beheben:

- Abneigung gegen Berührungen an den Ohren
- Probleme mit dem Halsband
- Auswirkungen einer Erkältung
- Steifheit
- Nervosität
- Reiseübelkeit

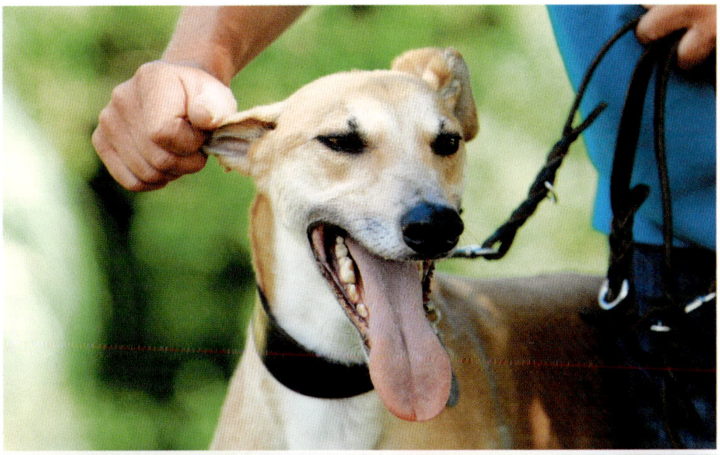

Bei Hunden mit Hängeohren streichen Sie das Ohr – ohne zu ziehen – nach unten hin aus.

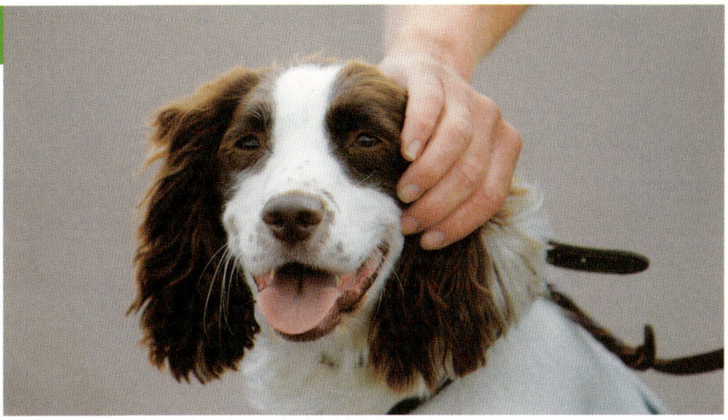

Wenn Sie das Ohr vom Ansatz bis zur Spitze entlang streichen, so wirkt das beruhigend und entspannend.

- Hyperaktivität
- Stress bei der Ohrbehandlung

- Halten Sie das Ohr sanft, aber fest in Ihrer Hand und streichen Sie vom Ansatz bis zur Spitze. Bei Hängeohren arbeiten Sie vom Ansatz an nach unten, bei Stehohren vom Ansatz an nach oben bis zur Spitze. Verändern Sie jedesmal die Position Ihrer Hand, damit Sie auch wirklich das gesamte Ohr behandeln. Arbeiten Sie sanft, aber mit Intensität. Wenn Sie selbst nervös sind, dann überträgt sich das auf Ihren Hund, besonders wenn er ohrscheu ist.
- Bei Hunden mit traumatischen Erlebnissen, kalten Ohrspitzen oder großer Nervosität bearbeiten Sie den Schockpunkt an der Ohrenspitze. Führen Sie dazu kreisförmige Bewegungen mit Zeigefinger und Daumen durch.
- Ihre Arbeitsgeschwindigkeit hängt von der jeweiligen Situation bzw. der Reaktion Ihres Hundes ab. Zur Beruhigung eines nervösen oder hyperaktiven Hundes und zur Förderung der Entspannung arbeiten Sie eher langsam. Ist Ihr Hund unsicher, dann arbeiten Sie anfangs etwas schneller, später – wenn sich der Hund beruhigt hat – verlangsamen Sie dann Ihre Bewegungen allmählich. Wenn Sie es mit einem erschöpften Hund zu tun haben bzw. wenn Sie ihm das Aufwachen aus einer Narkose erleichtern wollen, dann arbeiten Sie etwas schneller.

Mein Hund mag die Ohrenarbeit nicht

- Wenn sich Ihr Hund gestresst fühlt, dann streichen Sie sein Ohr ganz sanft gegen den Hals. Manche Hunde mögen es lieber, wenn sie anfangs ihr Ohr am eigenen Körper spüren
- Ziehen Sie einen Handschuh bzw. Fausthandschuh aus Schaffell an (S. 126)
- Fassen Sie das Ohr am Ansatz an und führen Sie es ganz vorsichtig zur Seite hin, warten Sie einen Moment und führen Sie es dann langsam wieder in die Ausgangsstellung zurück
- Versuchen Sie es mit den anderen, in diesem Abschnitt beschriebenen Übungen und arbeiten Sie zusätzlich an Schnauze und Hals (S. 98–101 und 104–105).

Hals

Python TTouch

Ein wichtiger Schritt zum Lösen von Halsverspannungen ist die Änderung der Führtechnik (s. S. 82–90). Die Kombination aus Körper- und Bodenarbeit kann außerdem unerwünschtes Verhalten eines Hundes erheblich verbessern. Zusätzlich zur Anwendung des Waschbär TTouches (S. 97) an der Schädelbasis und des Wolken-Leopard TTouches (S. 96) am Hals können Sie noch mit dem Python TTouch experimentieren.

Python TTouches können zwar am ganzen Körper ausgeführt werden, am Hals haben sie jedoch lockernde Wirkung, was sich wie ein Dominoeffekt über den gesamten Rücken ausbreitet. Der Python TTouch löst Verspannungen in den Weichteilen, lockert Muskelverkrampfungen und fördert die Durchblutung. Außerdem hilft er:

- die Beweglichkeit zu verbessern
- den Hund zu beruhigen und zu entspannen
- Verspannungen in Kopf und Ohren zu lösen
- die Konzentration zu steigern

Einfache Halsbänder können Nackenverspannungen nach sich ziehen und zum Ziehen verleiten.

Python TTouches im Nacken lockern Verspannungen und helfen, den Rücken zu entkrampfen.

- Legen Sie die gesamte Handfläche ganz leicht auf den Nacken und üben Sie dabei nicht mehr Druck aus, als Sie benötigen, um Haut und Muskel sanft in Richtung Schädelbasis zu schieben. Halten Sie dort einige Sekunden lang inne und lassen Sie dann die Haut in ihre Ausgangsstellung zurück gleiten. Streichen Sie mit der Hand leicht den Hals hinab und wiederholen Sie den TTouch. Fahren Sie auf diese Weise fort, bis Sie am Widerrist angelangt sind.
- Wenn sich der Hund dabei wohlfühlt, dann führen Sie den TTouch die ganze Wirbelsäule entlang durch.
- Achten Sie darauf, dass Sie mit der Bewegung atmen. Wenn Sie die Haut zu heftig wegschieben bzw. Ihre Hand zu schwer auf dem Hund lastet, dann wird er sich verspannen oder einfach weggehen.

Führen Sie sanfte Python TTouches entlang der Wirbelsäule durch.

Mein Hund mag keinen Python TTouch

- Schütteln Sie Ihre Hand aus, bevor Sie sie auf den Hund legen – das macht die Berührung leichter
- Führen Sie nur einen halben Python TTouch aus
- Variieren Sie die Geschwindigkeit, mit der Sie vorgehen
- Überprüfen Sie Ihre eigene Körperhaltung
- Versuchen Sie es stattdessen mit kreisförmigen TTouches

Sally ist anfangs noch abgelenkt, fängt sich aber schnell und konzentriert sich beim Slalomlaufen vollständig auf Tina (siehe Bildsequenz unten).

Slalom um Hütchen

Wenn Sie mit Ihrem Hund im Slalom um Hütchen bzw. umgedrehte Blumentöpfe laufen, wird die Beweglichkeit im Halsbereich und die Beweglichkeit im gesamten Körper gefördert. Aggressive Hunde bzw. leicht erregbare Hunde sind häufig im Nacken verspannt. Wird dieser Bereich entkrampft, dann bessert sich oft auch das Verhalten und der Hund reagiert „überlegter". Diese Übung kann außerdem:

- einen nervösen bzw. hyperaktiven Hund beruhigen
- dem Hund beibringen, wie er sich seinen Artgenossen auf angemessene Art nähern soll
- Position und Balance des Hundeführers verbessern
- den Hund dazu bringen, zuzuhören
- seine Balance, Gang und Koordination verbessern

- Stellen Sie sechs bis acht Hütchen in einem Abstand von ca. 2 m in einer Linie auf. Je nach Wendigkeit, Koordination und Größe des Hundes sollte der Abstand zwischen den Hütchen variiert werden. Zwischen den Hütchen sollte genügend Platz für Sie und Ihren Hund sein, sodass sie beide leicht hindurch passen, ohne sich gegenseitig zu behindern. Sobald Sie und Ihr Hund die Leinenarbeit verbessert haben, können Sie den Abstand zur Steigerung der Wendigkeit verkleinern.

Mein Hund mag das Slalomlaufen nicht

- Überprüfen Sie Ihre eigene Körperhaltung und Balance
- Vergrößern Sie den Abstand zwischen den Hütchen
- Gehen Sie mit ihm um ein einziges Hütchen herum
- Legen Sie ihm ein halbes Körperband an (S. 93), um seine räumliche Wahrnehmung zu verbessern

Vordere Körperhälfte

Definieren der Schulter

Diese einfache Übung ist für die meisten Hunde ein echter Genuss. Sie hilft Verspannungen in Hals und Schultern zu lösen und die Beweglichkeit in den Vorder- und Hinterläufen zu verbessern. Außerdem hilft das Definieren der Schulter bei Hunden, die:

- einen steifen Rücken und Widerrist haben
- unsicher auf Berührungen an Brust und Schultern reagieren
- einen nicht taktreinen Gang haben

- Halten Sie Verbindung zu Ihrem Hund, indem Sie die Leine halten, ihn am Halsband fassen oder die freie Hand auf seine Brust legen.
- Beginnen Sie oben an der Schulter und fahren Sie vorne mit Ihren Fingern die Schulterkonturen nach. Achten Sie darauf, dass Sie die Finger nicht in die Weichteile „bohren", sondern gerade so viel Druck ausüben, dass Sie den Hund nicht nur „kitzeln" Seite – was er sicher als unangenehm empfinden würde.
- Wiederholen Sie dieselbe Berührung hinter der Schulter und achten Sie auf verspannte Bereiche bzw. Stellen, an denen sich der Hund nur ungern anfassen lässt.
- Ihre Bewegungen sollten entspannt und fließend sein. Wenn Sie merken, dass sich der Hund wohlfühlt, dann können Sie mit Ihren Fingern das Schulterblatt sowohl vorn als auch hinten entlang „wandern".

Fahren Sie mit Ihren Fingern die Schulterkonturen nach.

Wiederholen Sie dieselbe Berührung hinter dem Schulterblatt.

Mein Hund mag das Definieren der Schulter nicht

- Prüfen Sie, ob Ihre eigenen Arme und Schultern verkrampft sind
- Variieren Sie die Druckstärke
- Achten Sie darauf, ob sich der Hund immer unwohl fühlt, wenn bestimmte Stellen berührt werden
- Legen Sie ihm ein halbes Körperband an (S. 93)
- Behandeln Sie ihn an einer für ihn angenehmeren Stelle

Beobachten Sie die Reaktionen Ihres Hundes. Er sollte die Berührung entspannt genießen.

TTouches an der Brust

Die Arbeit im Brustbereich kann eine äußerst beruhigende Wirkung auf den Hund ausüben. Sie können dazu den Wolken-Leopard TTouch (S. 96) bzw. den Python TTouch (S. 104) anwenden oder mit der flachen Hand die Haut so verschieben, dass Sie mit den Fingern bzw. der Handfläche einen 1 ¼-Kreis beschreiben. Denken Sie daran, dass Ihre Bewegungen langsam erfolgen und Ihre Hand weich und entspannt ist. Ihr Hund sollte sich nach und nach entspannen und ruhiger werden. Bei ängstlichen, scheuen oder gestressten Hunden empfiehlt sich die beidseitige Behandlung des Brustbeins mit Wolken-Leopard bzw. Waschbär TTouches. Außerdem empfehlen sich TTouches im Brustbereich bei Hunden, die:

- sich beim Tragen eines Körperbandes bzw. Brustgeschirrs unwohl fühlen
- unausgeglichen sind und an der Leine ziehen
- ihr Körpergewicht ungleichmäßig auf die Vorderläufe verteilen
- keine innere Ruhe haben

- Setzen oder stellen Sie sich neben die Schulter Ihres Hundes, wobei sein Kopf von Ihnen abgewandt sein sollte. Beugen Sie sich nicht über ihn.
- Halten Sie mit Ihrer freien Hand Verbindung zum Hund und bearbeiten Sie langsam und sanft die Vorderseite seiner Schultern und den Brustbereich. Bewegen Sie Ihre Hand die Brust entlang nach unten, zwischen den Vorderläufen hindurch.
- Bereits nach mehrmaliger Wiederholung dieser Übung an beiden Schultern sollte ein Unterschied zu erkennen sein. Wenn Ihr Hund empfindlich auf Berührungen in einem bestimmten Bereich reagiert, dann sollten Sie ihn nur an Stellen behandeln, die für ihn als angenehm empfunden werden. Nach wenigen Sitzungen müsste bereits eine Veränderung in seinen Reaktionen bemerkbar sein.

Mein Hund mag keine TTouches im Brustbereich

- Ändern Sie die Druckstärke bzw. die Richtung der kreisförmigen Bewegungen
- Arbeiten Sie anfangs schneller und werden Sie dann allmählich langsamer in Ihren Bewegungen
- Beginnen Sie seitlich an der Schulter und bewegen Sie sich langsam zur Vorderseite der Brust. Sollte sich der Hund dabei unwohl fühlen, dann gehen Sie an diejenige Stelle zurück, die er als angenehm empfand
- Legen Sie Ihrem Hund ein halbes Körperband an (S. 93) und behandeln Sie ihn über der Bandage
- Achten Sie darauf, dass Sie sich nicht verkrampfen

Bearbeiten Sie Brust- und Schulterbereich mit Python TTouches.

Heben Sie Ihre Arme an, warten Sie einen Moment und senken Sie sie dann wieder ab. Wenn Sie beim Anheben ausatmen, dann bleiben Sie entspannt.

Lockerung des Widerristes

Bei dieser Übung werden sowohl Widerrist als auch verspannte Schultern gelockert. Brust und Brustkorb werden geweitet, der Gang wird raumgreifender und Rücken bzw. Hinterläufe werden angehoben. Diese Übung kann ebenfalls verwendet werden, wenn:

- ein Hund wie angewurzelt stehen bleibt (S. 18)
- man dem Hund dazu bringen will, sein Gewicht zu verlagern
- der Hund lernen soll, seine Gliedmaßen gleichmäßig zu belasten

- Legen Sie eine Hand flach über den Widerrist des Hundes und schieben Sie den Widerrist ganz sanft von sich weg. Warten Sie einen Moment und holen Sie den Widerrist dann langsam wieder zu sich heran. Die Pfoten des Hundes sollen dabei stehen bleiben. Wiederholen Sie das Ganze einige Male.

Achten Sie bei der Lockerung des Widerristes darauf, ob eine Seite gelöster ist als die andere und wie Ihr Hund während dieser Übung reagiert.

Mein Hund mag die Lockerung des Widerristes nicht

- Bedecken Sie den Widerrist mit Ihrer Hand und fordern Sie den Hund in Gedanken auf, sich etwas von Ihnen wegzubewegen. Heben Sie dann in Gedanken die Hand langsam vom Widerrist ab, damit der Hund wieder zu Ihnen zurückkommen kann
- Definieren Sie seine Schultern (S. 106)
- Lassen Sie ihn über ungleiche Stangen gehen (S. 112), damit sich der Widerrist heben und lockern kann

Hebungen mit Bandage

Diese Hebungen werden mit Hilfe einer elastischen Binde (siehe halbes Körperband, S. 93) durchgeführt. Die ausgeführten Bewegungen sind minimal, haben jedoch eine tiefgreifende Auswirkung auf die Gangart des Hundes. Außerdem kann man mit Hebungen:

- Verspannungen in Hals, Ellbogen und Schultern lösen
- unruhige Hunde beruhigen
- den Hund an die Balanceleine Plus (S. 89) gewöhnen

- Legen Sie die Bandage diagonal über das Brustbein, zwischen den Vorderbeinen hindurch, und heben Sie Ihre Arme ganz langsam an. Warten Sie einen Moment und senken Sie dann Ihre Hände allmählich ab. Dies bewirkt eine Entspannung der Weichteile, sodass Sie diese Bewegung etwas länger ausführen sollten als das Anheben.

Mein Hund mag keine Hebungen

- Führen Sie am Brustbein TTouches wie z.B. den Muschel TTouch (S. 115) oder Rückenhebungen (S. 112) durch
- Halten Sie die Bandage einfach nur fest, ohne sie anzuheben
- Achten Sie darauf, das Band nicht zu stark in die Länge zu ziehen – wenn es seine Elastizität verliert, dann empfindet es der Hund als unangenehm
- Führen Sie die Rückenübungen (S. 110) durch, um die Beweglichkeit in diesem Bereich zu erhöhen

Beinkreisen der Vorderläufe

Wenn Sie die Vorderläufe Ihres Hundes kreisförmig bewegen, dann können Sie damit steife Schultern lockern und den Hals bzw. oberen Teil des Rückens entspannen. Mit dieser Übung wird die Durchblutung bis in die unteren Gliedmaßen und Pfoten gefördert. Sie hilft älteren Hunden beim Aufstehen, wenn ihre Gliedmaßen durch das Liegen steif geworden sind. Sie werden feststellen, dass Ihr Hund die Kreisbewegungen mit einem Bein besser ausführen kann als mit dem anderen bzw. dass er in einem Bein steifer ist. Außerdem empfiehlt sich das Beinkreisen der Vorderläufe:

- wenn ein gleichmäßigerer Gang erreicht werden soll
- wenn die Hinterläufe stärker mit einbezogen werden sollen
- zur Lockerung von Hals und Rückgrat
- zur Verbesserung der Balance
- für Hunde, die sich nur widerwillig bewegen (S. 18)

- Stützen Sie den Vorderlauf, ohne ihn fest anzupacken. Führen Sie vorsichtig Beinkreise in beide Richtungen durch. Hat Ihr Hund Probleme, sein Gleichgewicht zu halten, dann stellen Sie den Fuß nach einigen Beinkreisen auf den Boden zurück. Beschreiben Sie beim Beinkreisen nur einen sehr kleinen Radius – wenn Sie das Bein zu weit nach außen drehen, wird sich Ihr Hund verkrampfen oder Sie tun ihm weh. Kreisen Sie mit dem Bein über dem kleinen Bereich, den die Pfote beim Stehen einnehmen würde und achten Sie darauf, dass Sie das Bein nicht seitlich wegziehen.
- Wiederholen Sie das Ganze mit dem anderen Vorderlauf.

Kreisen Sie mit dem Bein über dem Bereich, den die Pfote beim Stehen einnehmen würde.

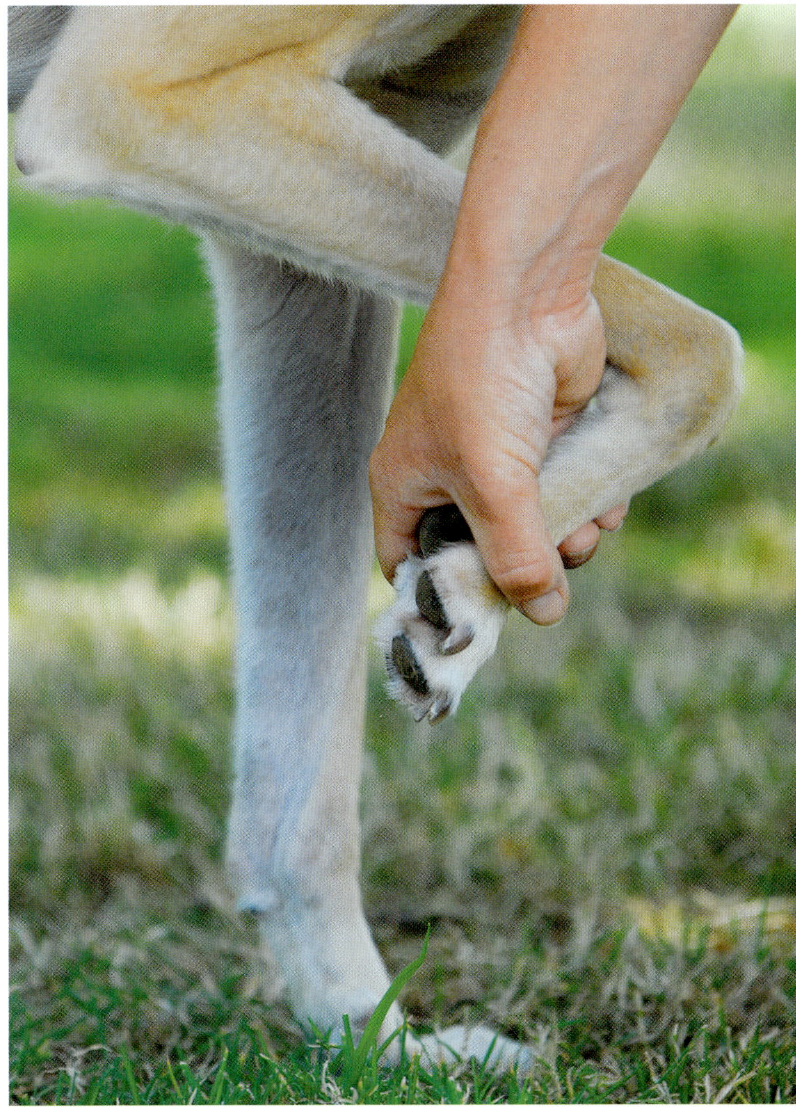

Stützen Sie den Vorderlauf, ohne fest zuzupacken.

Mein Hund mag das Beinkreisen nicht

- Legen Sie ihm ein halbes Körperband (S. 93) an, damit er ausbalanciert bleibt
- Führen Sie mit ihm die Bodenübungen durch und gehen Sie mit ihm z.B. über die Wippe (S. 93) bzw. die Holzbrücke (S. 93), um seine Balance zu verbessern
- Achten Sie darauf, die Beinkreise nicht zu erzwingen oder am Vorderlauf zu ziehen
- Beobachten Sie die Bewegungen Ihres Hundes: Es könnte sein, dass er Probleme mit einer anderen Gliedmaße hat
- Machen Sie mit ihm Bodenarbeit, einschließlich des Labyrinthes (S. 118)
- Lockern Sie seinen Widerrist (S. 108)

Stangenarbeit

Wenn ein Hund mit einem seiner Vorderläufe über eine Stange geht, dann senkt sich der Nacken bzw. heben sich Widerrist und Schultern. Anders verhält es sich, wenn der Hund Verspannungen im Hals, in den Schultern oder im Widerrist hat. Lässt man den Hund über ungleich hohe Stangen gehen, dann kann er seine Schultern nacheinander lösen. Diese Übung hilft auch:

- Hunden, die sich leicht ablenken lassen
- die Schrittlänge zu vergrößern
- reaktive bzw. hyperaktive Hunde zu beruhigen

- Sie können die einzelnen Stangen mit jedem beliebigen Hilfsmittel höher legen, vorausgesetzt, sie fallen herab, wenn der Hund mit dem Bein daran stößt. Es eignen sich Besenstiele aus Holz oder Plastik, in Stücke geschnittene Rohrleitungen oder schmale Hölzer. Der Abstand zwischen den einzelnen Stangen muss der Schrittlänge angepasst werden.

Wenn ein Hund über ungleich hohe Stangen geht, dann lösen sich Verspannungen im Rücken.

Rücken

TTouch-Arbeit

Verwenden Sie an Rücken und Hinterläufen den Wolken-Leopard TTouch (S. 96), um Durchblutung und Beweglichkeit zu verbessern. Außerdem eignen sich Waschbär TTouches (S. 97) beidseitig der Wirbelsäule. Diese TTouches verringern Stress, lösen Verspannungen und erzeugen beim Hund ein Körperbewusstsein. Zudem helfen sie:

- Probleme bei der Fellpflege zu beseitigen
- Vertrauen aufzubauen
- Berührungsängste zu verringern
- Angst und Scheuheit zu verringern

- Mit Hilfe der TTouches können Sie Bereiche, in denen Ihr Hund keine Berührung duldet, leichter erkennen, als wenn Sie ihn nur streicheln.
- Vergessen Sie nicht zu atmen und achten Sie darauf, nicht zu starken Druck auszuüben.

Mit Hilfe von TTouches konnten bei diesem Hund Verspannungen im Rücken abgebaut werden.

Haargleiten

Das Haargleiten (d.h. das Ausstreichen der Haare) kann eine sehr entspannende Wirkung haben. Es ist hilfreich bei unruhigen bzw. ängstlichen Hunden, aber auch, um einen Hund an Berührungen an ihm unangenehmen Stellen zu gewöhnen. Mit dem Haargleiten lassen sich Verspannungen am gesamten Körper lockern und ständig bellende bzw. hyperaktive Hunde beruhigen. Es wird außerdem eingesetzt:

- bei extrem berührungsempfindlichen Hunden
- um Probleme bei der Fellpflege zu beseitigen
- um verspannte Haut zu lockern
- um den Fellzustand zu verbessern

- Behandeln Sie den Hund am gesamten Körper, indem Sie Ihre Finger durch seine Haare – vom Ansatz bis zur Spitze – gleiten lassen. Beginnen Sie an Stellen, die von Ihrem Hund als angenehm empfunden werden und arbeiten Sie sich dann zu Bereichen vor, die berührungsempfindlicher sind.
- Handelt es sich um einen glatthaarigen Hund, dann stellen Sie sich vor, sein Fell wäre mit einer leichten Puderschicht überzogen und Sie müssten den imaginären Puder mit Ihren Fingerspitzen aufsammeln. Achten Sie darauf, dass Ihre Finger weich und Ihre Hand leicht ist und variieren Sie Ihr Arbeitstempo, vor allem wenn der Hund ängstlich oder unsicher ist.

Mein Hund mag das Haargleiten nicht

- Achten Sie darauf, dass Sie den Hund nicht an den Haaren ziehen oder ihn in die Haut kneifen
- Nehmen Sie weniger Haare auf einmal und streichen Sie nur über die Haarspitzen

Gleiten Sie mit Ihren Fingern vom Haaransatz bis zu den Haarspitzen.

Rückenhebungen

Mit Rückenhebungen können Sie den Rücken Ihres Hundes lockern und entspannen bzw. seine Körperhaltung beeinflussen. Sie fördern eine tiefe, gleichmäßige Atmung und senken den Halsbereich ab. Außerdem sind sie empfehlenswert:

- bei Verdauungsstörungen und zur Steigerung von Gesundheit und Wohlbefinden
- bei der Erreichung einer „Kernstabilität"
- zur Lösung von Verspannungen in Schultern und Hüfte

- Stellen oder hocken Sie sich neben Ihren Hund und halten Sie die Leine in Ihrer weiter von ihm entfernten Hand. Legen Sie Ihre freie Hand mit der Handfläche nach oben auf sein Brustbein und üben Sie leichten Druck nach oben hin aus. Bleiben Sie kurz in dieser Stellung und lassen Sie dann wieder los, wobei Sie jedoch stets Kontakt zu Ihrem Hund halten.
- Streichen Sie mit Ihrer Hand über das Brustbein und wiederholen Sie die Übung. Ziel ist nicht, den Hund vom Boden hochzuheben, sondern den Rücken und Widerrist auf sanfte Art zu lockern bzw. anzuheben.

Mein Hund mag keine Rückenhebungen

- Führen Sie die anderen Rückenübungen durch – einschließlich der höher gelegten Stangen (rechts)
- Versuchen Sie es mit Bauchhebungen mit Bandage (S. 114)
- Legen Sie einfach nur Ihre Hand auf das Brustbein und stellen Sie sich die Rückenhebung in Gedanken vor

Höher gelegte Stangen

Diese Übung ähnelt den „ungleich hohen Stangen" (S. 110). Wenn Sie die Bodenarbeit in Ihr Training mit einbeziehen möchten, dann sollten Sie in einige „Sockel" für die Stangen investieren. Dies können leichte Plastikrohre sein, die für vielerlei Zwecke einsetzbar und einfach zu transportieren sind. Sie können Höhe und Abstand zwischen den Rohren variieren, um die Bodenübungen abwechslungsreich zu gestalten.

Die höher gelegten Stangen veranlassen den Hund, seinen Hals abzusenken und sein Rückgrat zu dehnen bzw. zu lockern. Außerdem werden die Hinterläufe stärker beansprucht. Überdies sind sie eine Hilfe bei:

- Hunden, die sich Artgenossen gegenüber unangemessen verhalten
- hyperaktiven Hunden
- Hunden mit Verspannungen in Hüfte und Schultern
- der Erreichung einer „Kernstabilität"
- der Verbesserung von Balance und Koordination

- Legen Sie die Stangen in einer Reihe aus und führen Sie den Hund darüber.

Mein Hund mag keine Stangen

- Überprüfen Sie, ob er Schmerzen in Schultern, Rücken oder Hüfte hat
- Wenden Sie den Python TTouch (S. 104) an seinen Beinen und Pfoten an
- Führen Sie ihn anfangs nur über eine einzelne, flache, schmale Stange und fügen Sie allmählich immer mehr Stangen hinzu
- Vergewissern Sie sich, dass die Stangen eine für Ihren Hund angemessene Höhe aufweisen

Legen Sie Ihre Handfläche auf das Brustbein Ihres Hundes und üben Sie leichten Druck nach oben hin aus.

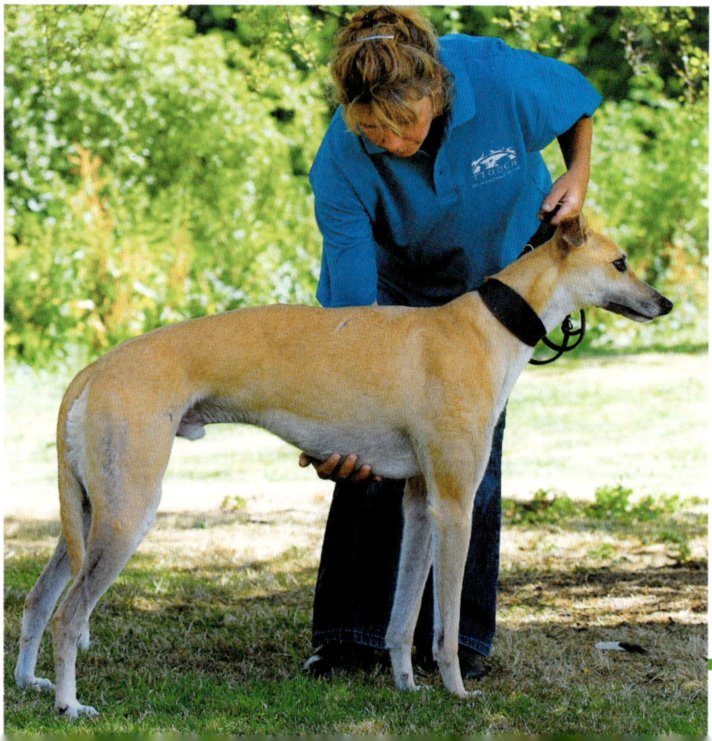

Bei einem kleinen Hund müssen Sie die Stangen nicht höher legen – es genügen Teile einer Dachrinne. Bei dem kleinen Löwchen auf dem Bild ist der gesamte Rücken weich und entspannt.

Rippen, Bauch und Flanken

Entspannen der Rippen

Das Entspannen der Rippen fördert die Beweglichkeit der Rippen und des Rückens, sodass sich der Hund nicht mehr so „einseitig" bewegt. Zusätzlich:

- verbessert es Balance und Wendigkeit
- stärkt es Funktion und Beanspruchung der Hinterläufe
- zeigt es dem Hund, wie er im gesamten Körper weich werden kann

- Stellen oder setzen Sie sich auf die linke Seite Ihres Hundes. Legen Sie Ihre linke Hand auf seine linke Schulter und die rechte Hand auf seine gegenüberliegende Hüfte. Üben Sie mit Ihrer rechten Hand ganz leichten Druck in Ihre Richtung aus, während Sie den Hund mit der anderen Hand stabilisieren. Halten Sie diese Position eine Weile und geben Sie dann leicht nach, während Sie den Kontakt zur Hüfte aufrecht erhalten. Achten Sie darauf, dass Ihr Hund keine Ausweichschritte macht.
- Wiederholen Sie die Übung von der anderen Seite.

Legen Sie eine Hand an die Schulter des Hundes, die andere Hand an die gegenüberliegende Hüfte.

Mein Hund mag diese Übung nicht

- Führen Sie TTouches (S. 95–97) im Schulterbereich und an den Hinterläufen durch, um ihn an Berührungen an diesen Stellen zu gewöhnen
- Legen Sie Ihre Hände nur an die Stellen, ohne Druck auszuüben
- Bleiben Sie selbst in der Schulter locker – achten Sie darauf, sich nicht zu verkrampfen oder zu verspannen
- Versuchen Sie es mit Hebungen mit einer Bandage (S. 114) und Rückenhebungen (S. 112), um Rücken und Rippen frei zu machen
- Führen Sie Ihren Hund durch den „Stern" (S. 115), um die Beweglichkeit in den Rippen zu fördern

Bringen Sie den Hund durch Ihre Hände dazu, seine Muskeln anzuspannen, ohne dass Gelenke bewegt werden.

Bauchhebungen

Mit den Bauchhebungen lassen sich Verspannungen in Rippen, Bauch und Rücken lösen. Sie helfen dem Hund zu entspannen, ängstliche Hunde zu beruhigen und wählerische Futterverweigerer zum Fressen zu bewegen. Außerdem sind sie nützlich:

- um die Atmung zu vertiefen und Entspannung zu fördern
- bei Hunden, die bei Nervosität wie angewurzelt stehen bleiben (S. 18)
- bei Verdauungsstörungen

- Verwenden Sie dazu eine elastische Bandage oder Ähnliches. Wenn Ihr Hund nicht still hält, bitten Sie eine zweite Person um Hilfe.
- Beginnen Sie mit der Hebung hinter den Ellbogen. Halten Sie die Enden der Bandage in Ihren Händen und heben Sie es hoch, während Sie dabei auf vier zählen. Bleiben Sie in dieser Position, bis Sie erneut auf vier gezählt haben und senken Sie die Bandage dann langsam ab, während Sie auf acht zählen.

Halten Sie die Enden des Handtuchs bzw. der Bandage fest und heben Sie ein Ende ganz sanft an, um auf der Haut eine „Walzenbewegung“ entstehen zu lassen. Beobachten Sie Ihren Hund dabei.

Mein Hund mag keine Bauchhebungen

- **Reduzieren Sie die Hebung auf ein Minimum, indem Sie die Bandage kaum merklich anheben**
- **Führen Sie den Hund über höher gelegte Stangen, um die Beweglichkeit in Rippen und Wirbelsäule zu fördern**
- **Versuchen Sie es mit den Muschel TTouches (gegenüber liegende Seite)**

Halten Sie Kontakt zu Rippen und Bauch, aber ziehen Sie die Bandage nicht zu fest an.

Bleiben Sie einen Moment in dieser Position und senken Sie das Ende dann ganz langsam ab, während Sie das andere anheben. Die kleine, blaue Markierung auf Trevors Rücken zeigt an, wie beweglich seine Haut ist.

Muschel TTouch

Dieser wärmende TTouch löst Verspannungen in den Rippen und der Bauchmuskulatur. Er hilft bei „überanhänglichen" Hunden, solchen mit Verdauungsproblemen und Hunden, die sehr viel bellen bzw. hecheln. Zudem ist er nützlich, um:

- Ängstlichkeit zu überwinden und Entspannung zu fördern
- den Hund zu beruhigen

- Legen Sie eine Handfläche auf das Brustbein Ihres Hundes, die andere ganz leicht auf seinen Rücken oder halten Sie die Leine damit. Schieben Sie die Haut am Brustbein mit kreisförmigen Bewegungen (s. S. 96) weiter und verlagern Sie die Hand nach jedem Kreis etwas nach hinten. Arbeiten Sie das Brustbein und den Bauch entlang. Beobachten Sie die Reaktionen Ihres Hundes gut.

Der Muschel TTouch ist sehr wärmend und entspannend.

Mein Hund mag den Muschel TTouch nicht

- Überprüfen Sie Ihre Körperhaltung – wenn Sie sich verkrampfen, dann überträgt sich das auf den Hund
- Vergewissern Sie sich, dass Sie nicht versehentlich Druck ausüben
- Achten Sie darauf, die Haut kreisförmig zu bewegen und nicht einfach über sie hinwegzugleiten – das könnte den Hund kitzeln
- Führen Sie die Übungen zur Lösung von Rückenverspannungen durch (S. 110–112)

Stern

Wenn man einen Hund bogenförmig über fächerartig bzw. sternförmig ausgebreitete Stangen führt, dann hat das eine sehr beruhigende Wirkung auf ihn. Die Übung öffnet den Brustkorb und beansprucht die Hinterläufe. Diese Übung ist auch empfehlenswert für:

- die Balance und die Durchführung gleichmäßiger Wenden
- die Verbesserung der Augen-/Bein-Koordination
- die Entspannung von Schultern und Hals

- Legen Sie mindestens vier Stangen fächerförmig auf dem Boden aus. Die Enden der Stangen können jeweils höher sein, das macht die Übung etwas schwieriger. Fügen Sie noch mehr Stangen hinzu, damit der Fächer schwieriger wird und der Hund sich stark konzentrieren muss.
- Führen Sie den Hund zu Beginn über die niedrigen Stangenenden. Geben Sie ihm genügend Zeit – er soll auf seine Schritte achten. Zwingen Sie ihn nicht dazu, wenn er sehr nervös ist.
- Führen Sie ihn in beide Richtungen. Sobald er mühelos über die niedrigen Stangenenden geht, lassen Sie ihn in der Mitte weitergehen, damit er seine Beine höher anheben muss.

Die Stern-Übung steigert die Beweglichkeit in den Rippen und verbessert die Augen-/Bein-Koordination.

Mein Hund mag den Stern nicht

- Versuchen Sie es mit parallel hintereinander liegenden Stangen
- Bringen Sie dem Hund bei, ohne die Stangen in „S-Form" zu gehen.
- Achten Sie auf Ihre Position – wenn Sie zu weit hinten gehen oder an der Leine ziehen, verliert der Hund seine Balance.

Hinterläufe und Rute

Python TTouch

Viele Hunde werden nervös, wenn man sie an den Hinterläufen anfasst. Beginnen Sie mit dem Python TTouch (S. 104) auf dem Rücken und bewegen Sie Ihre Hand langsam zum Becken und zur Rute hin. Danach arbeiten Sie entlang der Hinterläufe weiter.

- Beginnen Sie an der Hüfte und schieben Sie die Haut mit der Handfläche einen Moment lang nach oben, bleiben Sie kurz in dieser Position und lassen Sie die Haut dann wieder zurückgleiten. Legen Sie Ihre Hand danach etwas weiter unten an und wiederholen Sie die Bewegung, indem Sie den Hinterlauf ganz sanft mit den Fingern umfassen.

Beinkreisen der Hinterläufe

Zur Lockerung steifer Hinterläufe empfiehlt es sich, die Hinterbeine in kleinen Kreisen im bzw. gegen den Uhrzeigersinn zu bewegen. Der Hund kann sich dadurch auch im Rücken entspannen und die Durchblutung der Gliedmaßen wird gefördert. Es ist eine schnelle und einfache Methode, um älteren Hunden zu helfen, die bei Kälte leicht steif werden. Sie werden möglicherweise feststellen, dass der Hund mit einem Hinterlauf besser kreisen kann, ein Bein schwerer anheben kann oder in einer Seite bedeutend steifer ist.

- Heben Sie den nächstliegenden Hinterlauf an und kreisen Sie damit langsam über der Stelle, an der sich im Stehen die Pfote des Hundes befinden würde. Bewegen Sie das Bein in einem sehr kleinen Radius und ziehen Sie es keinesfalls zur Seite.

Bewegen Sie Ihre Hand langsam am Hinterlauf nach unten und führen Sie dabei den Python TTouch durch.

Stützen Sie den Hinterlauf und kreisen Sie mit dem Fuß langsam über der Stelle, an der sich im Stehen die Pfote des Hundes befinden würde.

Wenn Ihr Hund ruhig bleibt, dann fahren Sie mit den Python TTouches fort, bis Sie an der Pfote angelangt sind. Während der Bewegung umfassen Sie den Hinterlauf ganz sanft mit Ihren Fingern.

Mein Hund mag das Beinkreisen nicht

- Versuchen Sie es mit den Vorderläufen (S. 109)
- Versuchen Sie es zuerst mit Rutenarbeit (siehe unten)
- Legen Sie Ihre Hände auf die Hüften des Hundes und „schaukeln" Sie ihn langsam von einer Seite auf die andere: So lernt er, sein Gewicht auf beide Seiten zu verlagern. Diese Bewegung ähnelt der „Lockerung des Widerristes" (S. 108), wirkt sich aber auf das Becken aus

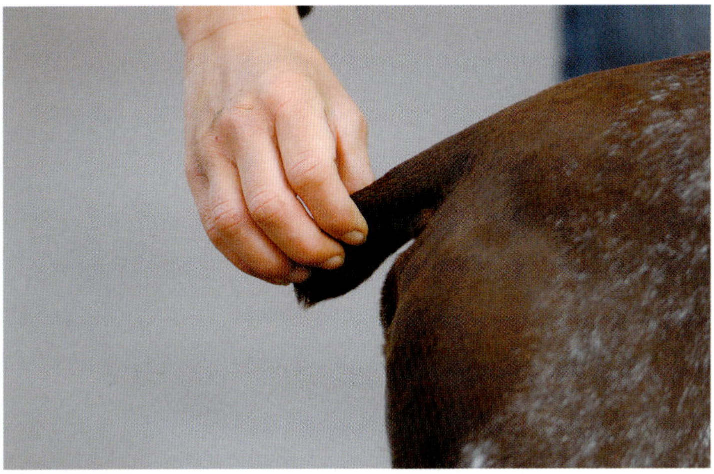

Führen Sie die Wolken-Leopard TTouches zu beiden Seiten der Rute durch. Vor allem kupierte Hunde profitieren von den Ruten TTouches.

Rutenarbeit

Eine aktive Rute wird oft von einem aktiven „Mundwerk" begleitet. Die Rutenarbeit kann einem Hund helfen, weniger zu bellen und verkrampfte Rückenmuskeln zu entspannen. Außerdem reduziert sie Verspannungen in Rücken und Hinterläufen. Sie hilft dem Hund, seine Kampf-/Fluchtreaktionen (s. S. 18) zu überwinden und die Beweglichkeit in den Hüften zu verbessern, sodass er leichter ins Auto springen bzw. treppauf gehen kann. Da es sich bei der Rutenarbeit um keine gewohnheitsmäßige Bewegung handelt, vermittelt sie dem Nervensystem des Hundes eine völlig neue Erfahrung und fördert die Entspannung. Sie verbessert die Verbindung zwischen Kopf und Rutenende und hilft bei hysterischen bzw. hyperaktiven Verhaltensweisen. Zudem ist die Rutenarbeit nützlich bei:

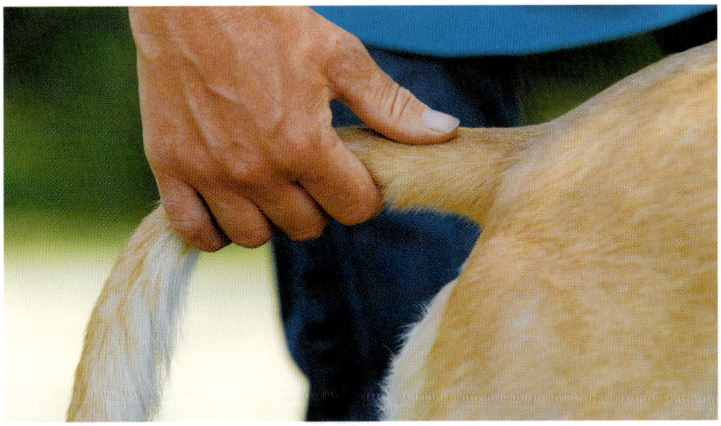

Stützen Sie die Rute mit einer Hand ganz leicht ab und führen Sie kreisförmige Bewegungen in beide Richtungen durch.

Wenn Ihr Hund nervös auf Berührungen an seiner Rute reagiert, dann legen Sie eine Hand auf den Rutenansatz und führen Sie Python TTouches an der Rute und an den Hinterläufen durch.

- nervösen, scheuen und/oder geräuschempfindlichen Hunden
- unterforderten Hunden
- Hunden, die einen Hinterlauf stärker belasten als den anderen
- der Durchblutungsförderung in den Sprunggelenken
- dem Erlernen bzw. der Durchführung des Kommandos „Sitz-Bleib"

- Kreisen Sie mit der Rute in beide Richtungen. Wenn Sie die Kreise ausführen, dann stellen Sie sich vor, wie die Bewegung nicht nur aus Ihren Armen, sondern aus Ihrem gesamten Körper und Ihren Schultern entspringt. Wenn Sie in den Knien locker sind, dann sind auch Ihre Bewegungen entspannt. Der Radius der Kreise hängt vom Verspannungsgrad der Rute ab: Die Bewegung sollte jedoch stets vom Hund als angenehm empfunden werden. Wenn Ihr Hund die Rute einklemmt, dann legen Sie Ihre Hand auf den Rutenansatz und führen Sie dort eine kreisförmige Bewegung aus.
- Es gibt verschiedene Arten, die Ruten TTouches durchzuführen: Wenn Ihr Hund Berührungen an der Rute nicht duldet, dann legen Sie Ihre Hand auf den Rutenansatz und führen Sie Python TTouches (S. 116) an der Rute und an den Hinterläufen aus. Sie können den Hund auch ganz sanft mit den Händen von einer Seite zur anderen „schaukeln", während Sie den oberen Teil der Rute und die Hinterläufe stützen.
  Empfindet Ihr Hund die Berührungen an der Rute als angenehm, dann können Sie die kreisförmigen TTouches zu beiden Seiten des Rutenansatzes durchführen und nach Stellen Ausschau halten, die nur eingeschränkt beweglich sind bzw. dem Hund Unwohlsein bereiten. Probleme mit der Rute stehen oft mit Rückenverspannungen in Verbindung.
- Die Ruten TTouches verunsichern manche Hunde, sodass man sie ganz langsam an die Berührungen an Rute und Hinterläufen gewöhnen sollte.

Labyrinth

Das Labyrinth eignet sich zur Verbesserung der Koordination und zur Stärkung des Körperbewusstseins. Auf die meisten Hunde hat es eine beruhigende Wirkung und fördert den effizienten Einsatz von Gehirn und Körper. Zudem ist es ideal:

- zur Verbesserung der Balance
- bei nervösen oder hyperaktiven Hunden
- zur Regeneration nach einem Kreuzbandriss (dies sollte natürlich mit dem Tierarzt abgesprochen werden)
- zur Verbesserung des Körperbewusstseins

- Bauen Sie das Labyrinth wie auf dem Foto unten auf. Verwenden Sie dafür Stangen, Holzbretter oder Rohrleitungen. Führen Sie Ihren Hund langsam durch das Labyrinth.

Mein Hund mag das Labyrinth nicht

- Führen Sie TTouches an seinen Hinterläufen durch
- Legen Sie ihm ein halbes Körperband an (S. 93)
- Führen Sie ihn anfangs um eine einzige Stange herum, später dann um zwei, und erweitern Sie so die Übung allmählich

Das kleine Löwchen zeigt Menschen gegenüber völlig übertriebene Reaktionen.

Das Labyrinth wirkt beruhigend auf Hunde. Führen Sie den Hund langsam hindurch und machen Sie keine zu engen Wendungen.

Pfoten

Pfotenarbeit

Empfindliche Pfoten können sowohl für den Hund als auch den Halter ein Problem darstellen. Wenn Sie Ihrem Hund helfen, seine Probleme zu überwinden, dann wird es auch für Sie leichter, wenn Sie z.B. einen verletzten Ballen behandeln müssen. Außerdem ist es empfehlenswert:

- für nervöse Hunde
- zur Verbesserung einer nicht taktreinen Gangart
- für überempfindliche Hunde
- bei geräuschempfindlichen bzw. unter Reiseübelkeit leidenden Hunden

Es gibt mehrere Arten, einem Hund beizubringen, sich an den Pfoten anfassen zu lassen.

- Ist der Hund handscheu, dann streichen Sie mit einer Reitgerte bzw. einem weichen Pinsel sein Bein entlang. Wenn er leicht zuschnappt, dann nehmen Sie anfangs die Reitgerte und vermeiden Sie es, sich über ihn zu beugen. Achten Sie darauf, dass der Kontakt fest, aber nicht zu hart ist. Eine zu leichte Berührung kitzelt den Hund nur.

Unten links: Sobald sich der Hund beruhigt hat, beginnen Sie mit Waschbär TTouches an Zehen und Krallen.
Unten rechts: Wenn er immer noch unsicher ist, dann beschreiben Sie mit der Pfote kreisförmige Bewegungen am daneben liegenden Bein.
Ganz unten links: Danach bearbeiten Sie die Ballen und den Pfotenrücken.
Ganz unten rechts: Zu beiden Seiten der Krallen können Sie auch winzig kleine TTouches anwenden.

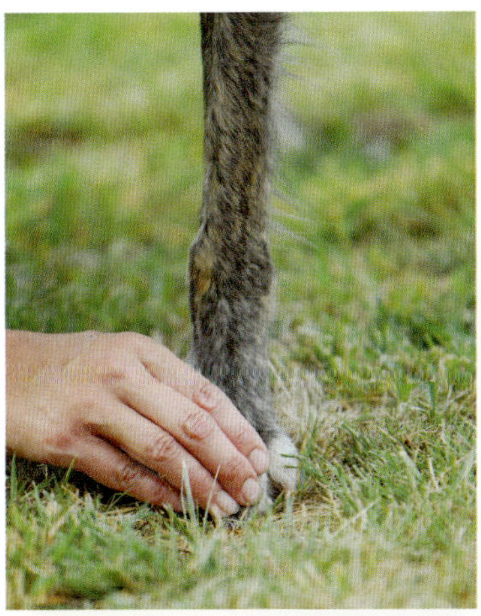

Wenn Ihr Hund nervös wird, sobald man ihn an den Pfoten berührt, dann verwenden Sie anfangs eine Reitgerte und streichen Sie damit über Brust und Vorderläufe.

- Sobald sich der Hund dies gefallen lässt, gehen Sie zu einer Handattrappe (S. 31) über. Wenn er sich auch dies gefallen lässt, dann berühren Sie ihn ganz leicht mit dem Handrücken und bewegen ihn die Beine entlang bis zu den Pfoten hinunter. Dabei werden schnelle Bewegungen meist eher geduldet.
- Sobald sich der Hund beruhigt hat, beginnen Sie mit Waschbär TTouches (S.97) an seinen Zehen, zu beiden Seiten seiner Krallen und schließlich an den Ballen. Wenn er unruhig wird, gehen Sie an eine Stelle zurück, die für ihn angenehm war. Ist der Hund weiterhin unsicher, dann heben Sie einen Vorderlauf an und beschreiben mit der Pfote kreisförmige Bewegungen am daneben liegenden Bein (siehe Foto links).

Mein Hund mag keine Pfotenarbeit

- Verteilen Sie die Arbeit auf mehrere Sitzungen, falls nötig, auch auf mehrere Wochen
- Arbeiten Sie kürzer und dafür öfter
- Führen Sie die Übungen zur Entspannung von Schultern (S. 106–110) und Hüften (S. 116–118) durch
- Setzen Sie sich kein bestimmtes Ziel bzw. fixieren Sie sich nicht auf die Überwindung eines Problems
- Bleiben Sie ruhig und gelassen
- Führen Sie ihn über unterschiedliche Oberflächen (S. 120)

Unterschiedliche Oberflächen

Es gibt Hunde, die Panik bekommen, wenn sie sich auf einen rutschigen Untergrund bzw. etwas, was sich unter ihren Füßen bewegt (wie z.B. ein Autositz), begeben müssen. Wenn Sie Ihrem Hund beibringen, über unterschiedliche Oberflächen gehen, dann fasst er mehr Vertrauen und wird konzentrierter. Diese Übung fördert zudem die sensorische Integration, die Balance und die Tiefensensibilität. Zusätzlich:

- fördert sie das Denkvermögen des Hundes
- schwächt sie übertriebene bzw. hyperaktive Verhaltensweisen ab
- regt sie das Gehirn an

- Verwenden Sie für die Übung die unterschiedlichsten Untergründe, wie z.B. einen Badteppich, eine Fußmatte, einen Schuhabstreifer, eine Plastikfolie, ein Holzbrett, eine Decke oder Ähnliches. Sie können auch mehrere billige Plastiktabletts kaufen und sie mit verschiedenen Materialien wie Sand, Wasser, Erde oder Kies füllen. Legen Sie sie in beliebiger Anordnung aus und führen Sie den Hund langsam darüber hinweg.

Mein Hund mag keine unterschiedlichen Oberflächen

- Gehen Sie langsam und schrittweise vor und arbeiten Sie jeweils nur mit einer Oberfläche
- Stärken Sie die Stabilität des Hundes durch Rücken-, (S. 110–112) Rippen-, Bauch- und Flankenübungen (S. 113–115)
- Versuchen Sie es mit Beinkreisen (S. 109 und 116) und streichen Sie die Beine mit einer Reitgerte aus, damit der Hund ein Bewusstsein für seine Beine und Pfoten entwickelt

Wenn Sie den Hund über unterschiedliche Untergründe führen, wird sein Vertrauen gestärkt.

Setzt sich der Hund auf den Untergrund, dann zeigt dies, dass er sich sicher fühlt und die Empfindung unter seinen Ballen für ihn angenehm ist.

Erlauben Sie ihm, den Untergrund vorher zu beschnüffeln.

„Mikado"/Leiter

Wenn ein Hund lernt, über Hindernisse hinweg zu gehen, dann verbessert sich seine Augen-/Pfoten-Koordination. Das ist hilfreich bei der Ausbildung der Balance und um ein besseres Bewusstsein für die Positionierung der Pfoten zu erlangen. Diese Übungen sind überdies nützlich:

- für Hunde, die unsicher gehen bzw. oft stolpern
- um das Vertrauen zu stärken
- zur Förderung von Konzentration und bedachtem Vorgehen
- um Hunde zu beruhigen, die losstürzen bzw. an der Leine ziehen

- Legen Sie mindestens sechs Stangen in beliebiger Anordnung auf dem Boden aus und achten Sie darauf, dass Winkel und Abstände zwischen den einzelnen Stangen variieren. Arbeiten Sie eventuell auch noch mit einer Holzleiter.
- Fordern Sie den Hund auf, vorsichtig über die Hindernisse zu gehen. Selbst ungeschickte Hunde können lernen, leichtfüßiger und präziser zu gehen.

Mein Hund mag kein „Mikado"/Leiter

- Streichen Sie mit einer Reitgerte seine Beine entlang (S. 119)
- Bringen Sie ihm bei, über eine einzige Stange zu gehen und fügen Sie dann immer mehr hinzu
- Versuchen Sie es mit einem halben Körperband (S. 93) oder einem Gummiband (S. 100), um seine Konzentration und Balance zu verbessern
- Gehen Sie mit ihm über unterschiedliche Oberflächen (S. 120)

Ollie lässt sich leicht ablenken und zieht. Die Übung bereitet ihm anfangs Schwierigkeiten.

Für Ollie stellt diese Übung eine Herausforderung dar. Hier beginnt er den Kopf zu senken: Allmählich verbessern sich bei ihm Koordination und Konzentration.

Beim Gehen über Leitern und Stangen wird die Augen-/Pfoten-Koordination verbessert.

Ganzheitliche Hundehaltung

Wenn wir uns bewusst werden, wie Hunde auf ihr von uns erschaffenes Umfeld reagieren, dann können wir dazu beitragen, ihren Alltag zu bereichern und mit ihnen eine lange, treue Partnerschaft zu führen, die auf Verständnis, Kooperation und Vertrauen basiert.

Im Alltag

Wenn Sie täglich einige TTouches in den Alltag Ihres Hundes einbauen, dann wird er ruhiger, ausgeglichener und zufriedener werden und Sie können selbst kleinste Veränderungen seines physischen, mentalen und emotionalen Zustands sofort erkennen. Selbst wenn Sie nicht die Zeit haben, jede in diesem Buch beschriebene Bodenübung zu arbeiten, so sollten Sie doch versuchen, ein paar davon mehrmals wöchentlich auszuführen, um Vertrauen, Beweglichkeit und Koordination Ihres Hundes zu steigern. Manchmal genügt schon eine einzige Sitzung, um eine Veränderung herbeizuführen.

Sie können sich eine Strategie überlegen, die in Ihre Alltagsplanung hinein passt und Ihrem Hund Selbstsicherheit verschafft. Meist gibt es eine Verbindung zwischen unerwünschten Verhaltensweisen und verspannten Körperbereichen. Finden Sie diese Verbindung heraus und Sie werden Ihren Hund aus einem völlig neuen Blickwinkel betrachten.

Bewegung und Auslauf

Es ist nicht lebenswichtig, dass Sie mit Ihrem Hund jeden Tag stundenlang spazieren gehen. Natürlich ist Bewegung äußerst wichtig – bei

Notfallmaßnahmen

Wenn Ihr Hund im Freien übernervös wird, dann gehen Sie draußen mit ihm durch ein imaginäres Labyrinth bzw. in S-förmigen Kurven und wenden zur Beruhigung einige TTouches an. Ziehen Sie ihm ein T-Shirt, einen Hundemantel oder ein halbes Körperband (S. 93) an und beobachten Sie, ob er dadurch ruhiger wird.

Wenn wir unsere Hunde auf einer völlig neuen Ebene begreifen lernen, dann bereichern wir damit sowohl unser als auch ihr Leben.

Beobachten Sie, wie Ihr Hund auf Ihre Stimme reagiert.

manchen sehr scheuen bzw. aufgedrehten Hunden, die sich noch mehr aufregen, sobald sie vielen Reizen ausgesetzt sind, kann sie sich jedoch auch nachteilig auswirken.

Wenn sich der Hund aufgrund seines Alters, einer Verletzung oder von gesundheitlichen Problemen schonen soll, muss der tägliche Auslauf auf ein Minimum reduziert werden, bis der Hund wieder vollständig genesen ist. In der Zwischenzeit können Sie einige der im Buch beschriebenen Bodenübungen mit ihm durchführen, um sein Vertrauen zu stärken bzw. seine Beweglichkeit zu fördern. Sie können Ihren Hund physisch und mental stimulieren, ohne ihn zu überfordern.

Zusätzlich dazu sollten Sie an Ihrer eigenen Balance arbeiten und sich Ihrer gewohnheitsmäßigen Verhaltensweisen und Reaktionen bewusst werden. Achten Sie darauf, wie Ihr Hund im Alltag auf Ihre Stimme, Körpersprache und Bewegungen reagiert.

Scheue bzw. aufgedrehte Hunde werden im Freien oft noch aufgeregter.

Manchmal genügt bereits eine einzige Sitzung, um das Vertrauen des Hundes zu stärken.

Ausrüstung

Für die Bodenarbeit brauchen Sie keine Unmengen an Geld in die Ausrüstung zu investieren. Seien Sie einfach kreativ: Verwenden Sie als Untergrund Dinge wie Fußmatten, Holzbretter, Badvorleger, Teppichstücke, Handtücher, alte Hundedecken usw. Für die Arbeit mit Stangen eignen sich alte Besenstiele, Stücke alter Plastikrohre usw. Selbst mit Seilstücken können Sie ein Labyrinth anlegen und mit Sand gefüllte Blumentöpfe, alte Eimer oder Plastikflaschen lassen sich als Hütchen aufstellen. Ihrer Fantasie sind keine Grenzen gesetzt!

An TTouches kann sich die ganze Familie erfreuen.

Wenn sich Ihr Hund nicht so viel bewegen soll, dann führen Sie mit ihm die Bodenübungen zur Verbesserung seiner Koordination und seines Selbstvertrauens durch.

Brustgeschirr für Notfälle

Im Notfall können Sie aus einem weichen Stück Seil ganz schnell ein Brustgeschirr herstellen. Es ist z.B. sehr nützlich, wenn man den Hund beispielsweise beim Tierarzt, auf effiziente, aber sanfte Art in den Griff bekommen muss. Der Vorteil bei diesem Brustgeschirr ist, dass man es nicht, wie sonst üblich, über den Kopf des Hundes bzw. unter den Vorderläufen hindurch ziehen muss: Ihr Vorgehen wird also – von einem fremden Hund beispielsweise – nicht als aufdringlich oder bedrohlich empfunden. Außerdem lässt sich dieses Brustgeschirr leicht entfernen. Wenn es mit einer am Halsband befestigten Leine zusammen verwendet wird, dann wird kein so großer Druck auf den Halsbereich ausgeübt, was bei stark gestressten Hunden bzw. nach einer OP von Vorteil ist.

Nehmen Sie ein 6 m langes Seil und binden Sie in der Mitte eine kleine Schlaufe.

Legen Sie das eine Seilende um die Brust des Hundes.

Führen Sie das andere Seilende unter dem Brustkorb hindurch in Ihre Richtung – das ist sicherer als es von Ihrer Seite aus unter dem Brustkorb hindurch zu ziehen: Um es auf der anderen Seite aufzunehmen, müssten Sie sich über den Hund beugen.

Halten Sie mit einer Hand die Schlaufe über dem Widerrist fest und machen Sie eine weitere Schlaufe mit beiden Seilenden. Schieben Sie diese durch die geknotete Schlaufe hindurch.

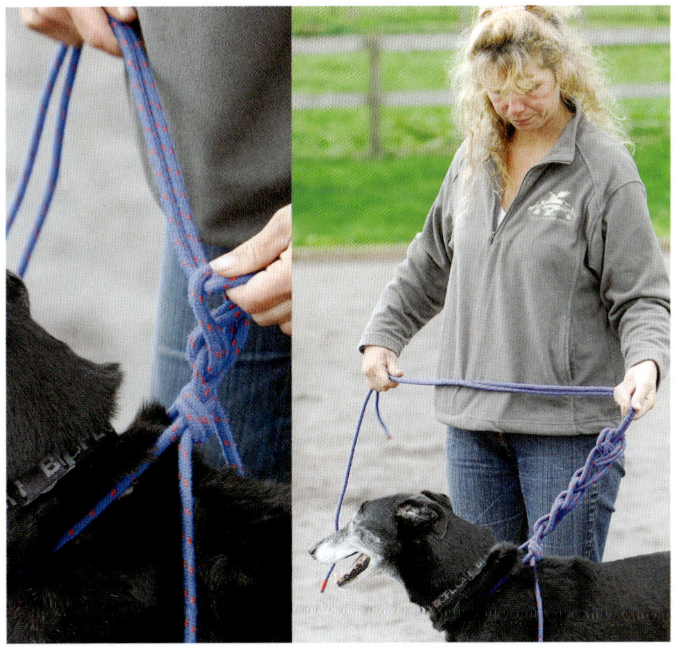

Knüpfen Sie weitere Schlaufen und ziehen Sie zum Schluss die Seilenden durch die letzte Schlaufe. Dadurch wird das Ganze zusammengehalten.

Um das Brustgeschirr zu öffnen, ziehen Sie die Seilenden aus der letzten Schlaufe heraus und ziehen leicht daran. Daraufhin sollte sich das ganze Brustgeschirr lösen und zu Boden fallen.

Erziehung zur Stubenreinheit

Wenn Sie Schwierigkeiten haben, Ihren Hund stubenrein zu bekommen bzw. alle positiven Erziehungsmethoden schon ausprobiert haben, dann sollten Sie noch andere Dinge in Erwägung ziehen. Es gibt Hunde, die aufgrund ihres schlechten Sehvermögens nervös werden, wenn sie im Dunkeln das Haus verlassen müssen. Dies tritt nicht nur bei älteren Hunden auf, sondern kann bereits angeboren sein. Manche Hunde begeben sich im Freien nicht gern in eine Hockstellung, in der sie leicht angreifbar sind, besonders wenn sie Schmerzen oder Verspannungen im Becken- und/oder Hüftbereich haben oder mit einem sehr ungestümen Artgenossen im selben Haus leben. Andere leiden vielleicht unter Angst vor bestimmten Orten, weil sie sehr geräuschempfindlich sind oder sich durch einen Nachbarhund (oder -katze!) verunsichert fühlen. Auch ein medizinisches Problem, das tierärztliche Behandlung erfordert, kann zugrunde liegen. Wenn Sie vermuten, dass einer dieser Punkte auf Ihren Hund zutrifft, dann können Sie ebenfalls die TTouches anwenden, um das Selbstvertrauen Ihres Hundes zu stärken. Bestrafen Sie ihn nicht, wenn er sein „Geschäft" im Haus erledigt hat. Wenn Sie ihn anschreien oder schlagen, wird er noch unsicherer und das Problem eskaliert.

Streicheln und Pflegen

Wenn Ihr Hund alt, jung, unsicher, scheu oder leicht erregbar ist, dann sollten Sie beim Streicheln darauf achten, dass es sehr sanft ausfällt. Beobachten Sie seine Reaktionen, um herauszufinden, ob er die Streicheleinheiten wirklich genießt oder sich verkrampft bzw. sie einfach über sich ergehen lässt. Streicheln Sie ihn ganz leicht und sanft oder – noch besser – wenden Sie TTouches an, wenn Sie ihn loben oder Kontakt mit ihm aufnehmen möchten. Führen Sie die Ohrenarbeit durch (S. 103) anstatt ihn am Kopf zu kraulen.

Fellpflege sollte für den Hund keine unangenehme Erfahrung sein. Sie ist zur Entspannung da und um Fell und Haut des Hundes gesund zu erhalten. Bei der regelmäßigen Fellpflege können Sie jedesmal einen Gesundheitscheck durchführen und den Hund auf kleine Verletzungen hin untersuchen. Wenn Ihr Hund keine Bürsten und Kämme mag, dann pflegen Sie sein Fell mit einem Schaffell-Handschuh bzw. einem weichen Gummi-Pflegehandschuh und arbeiten Sie gegebenenfalls immer nur in kurzen Sitzungen. Führen Sie das Haargleiten (S. 111) und leichte TTouches durch, um die Durchblutung anzuregen, stumpfes Fell zu verbessern und Hautverspannungen zu lösen, die eine Ursache für seine Abneigung gegen das Bürsten darstellen können.

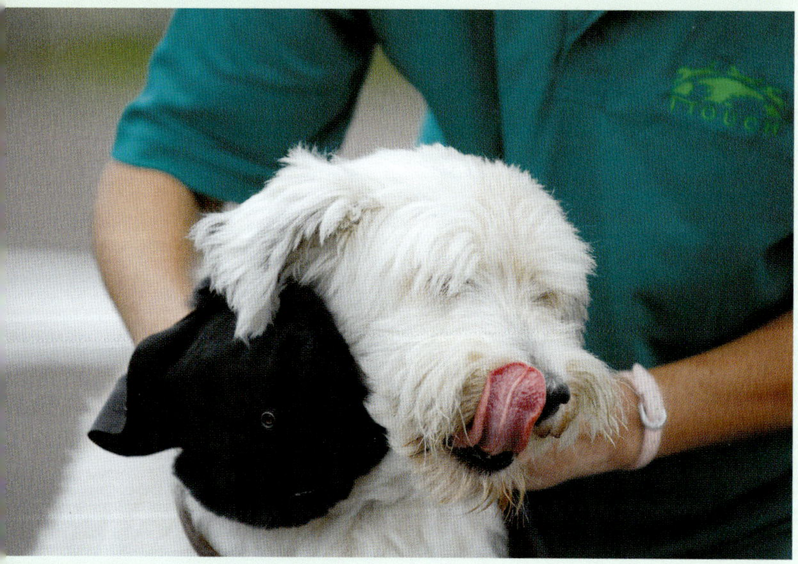

Wenn sich Ihr Hund nicht gern anfassen bzw. bürsten lässt, dann verwenden Sie anfangs einen Schaffell-Handschuh für die Fellpflege.

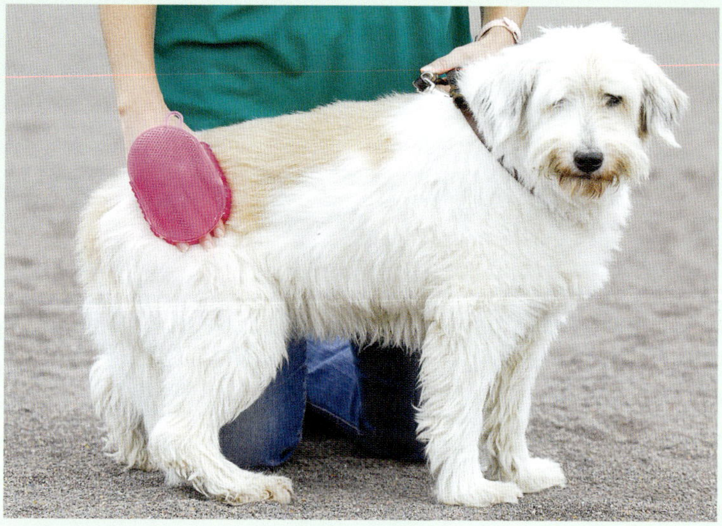

Ein weicher Gummi-Pflegehandschuh ist unerlässlich, wenn Ihr Hund nervös aufs Bürsten reagiert.

Schlafenszeit

Achten Sie einmal darauf, ob Ihr Hund wirklich gern in sein Körbchen geht oder nur abends bzw. auf Ihren Befehl hin. Eventuell müssen Sie seinen Korb umstellen, dass er sich auch tagsüber darin sicher fühlt. Vor allem sehr geräuschempfindliche Hunde schlafen oft nicht gern an bestimmten Stellen, wie z.B. in der Nähe eines Boilers oder einer Waschmaschine, wenn es im Haus noch ruhigere Orte gibt.

Reinigungsmittel

Vermeiden Sie toxische Produkte zur Reinigung von Küchenboden und Spülbecken. Reinigungsprodukte, die Bleichmittel enthalten, können bei Hunden unter Umständen unerwünschte Verhaltensweisen noch verstärken oder Allergien auslösen.

Ernährung

„Du bist, was du isst" – das gilt auch für unsere Hunde. Obwohl manche Menschen es heftig bestreiten, gibt es einen Zusammenhang zwischen unerwünschten Verhaltensweisen und einer unzureichenden Ernährung. Nicht jeder Hund verträgt das gleiche Futter und die einzelnen Rassen haben unterschiedliche Bedürfnisse. Wenn Ihr Hund anhaltende Probleme hat, dann konsultieren Sie einen ganzheitlich orientierten Tierarzt, der sich auf Ernährung spezialisiert hat.

Nützliche Adressen und Buchtipps

TTouch
Sarah Fisher
TTouch UK
Tilley Farm
Farmborough
Bath BA2 0AB
www.ttouchtteam.co.uk
sarahfisher@ttouch.co.uk

Robyn Hood
TTouch Canada
5435 Rochdell Road
Vernon BCV1B 3E8
Canada
www.tteam-ttouch.de

Linda Tellington-Jones
TTouch USA
PO Box 3793
Santa Fe
New Mexico 87501
USA
www.ttouch.com

Clickertraining
Karen Pryor Clicker Training
www.clickertraining.com

Verbände rund um den Hund
Verband für das Deutsche Hundewesen (VDH)
Westfalendamm 174
44141 Dortmund
Tel.: 0231/5 65 00-0
www.vdh.de

Der Österreichische Kynologenverband (ÖKV)
Siegfried Marcus-Str. 7
A-2362 Biedermannsdorf
Tel.: +43-(0)2236/710 667
www.oekv.at

Schweizerische Kynologische Gesellschaft
SKG/SCS
Länggassstrasse 8
CH-3012 Bern
Tel.: 031 306 62 62
www.hundeweb.org

Fédération Cynologique Internationale (F.C.I.)
Generalsekretariat
Place Albert 1er, 13
B-6530 THUIN/Belgien
Tel : ++32.71.59.12.38
www.fci.be

Deutscher Hundesportverband e.V. (dhv)
Gustav-Sybrecht-Str. 42
44536 Lünen
Telefon 0231/87 80 10
www.dhv-hundesport.de

Tierregistrierung
Deutsches Haustierregister
Baumschulallee 15
53115 Bonn
Tel.: (0228) 60 49 60
www.deutsches-haustierregister.de

TASSO e.V.
Frankfurter Str. 20
65795 Hattersheim / Germany
Tel.: +49 (6190) 93 73 00
www.tiernotruf.org

ifta – Basis für bewusste Tierhaltung e.V.
(Internationale Zentrale Tierregistrierung)
Weiherstrasse 8
D-88145 Maria Thann
Tel. 00800-43820000 (weltweit gebührenfrei)
www.tierregistrierung.de

Buchtipps zum Weiterlesen

Del Amo, C.: Welpenschule. Ulmer, 2006.
Del Amo, C.: Spiel- und Spaßschule für Hunde. Ulmer, 2008.
Mauring, A., Lutsch, G.M.: Massage und Physiotherapie bei Hunden. Ulmer, 2007.
Ohl, F.: Körpersprache des Hundes. Ulmer, 2006.
Ohl, F.: Hunde wirklich verstehen. Ulmer, 2006.
Schmidt-Röger, H.: Das große Ulmer Hundebuch. Ulmer 2008.

Dank

Meinen herzlichen Dank an Bob Atkins, Tina Constance, Robyn Hood, Kerry Jenkinson, Maria Johnston, Marie Miller, Kaye Mughal, an das Personal und die Hunde von Battersea Old Windsor und dem Battersea Tierheim, Adam Rogers, Amy Snow, Linda Tellington Jones, Nick Thomson und natürlich an Jo Weeks, meinen hervorragenden Herausgeber!

Das im Vorwort und auf Seite 75 verwendete Zitat entstammt den Worten des amerikanischen Arztes und Schriftstellers Oliver Wendell Holmes (1809–94):

„Wessen Bewusstsein durch neue Erfahrungen erweitert wurde, der kann nicht wieder in alte Denkmuster verfallen."

Bildquellen

Die Fotos stammen von Bob Atkins. Freundlicherweise zur Verfügung gestellt wurden das Foto auf Seite 30 von F.D. Vargen und das Foto auf Seite 122 von KT.
Das Titelfoto stammt von Tierfotoagentur.de/Ramona Richter